Jérémie Thévenin

Accrochages de fréquences dans les lasers vectoriels à état solide

Jérémie Thévenin

Accrochages de fréquences dans les lasers vectoriels à état solide

étude du verrouillage de modes passif et de la réinjection décalée en fréquence

Presses Académiques Francophones

Impressum / Mentions légales
Bibliografische Information der Deutschen Nationalbibliothek: Die Deutsche Nationalbibliothek verzeichnet diese Publikation in der Deutschen Nationalbibliografie; detaillierte bibliografische Daten sind im Internet über http://dnb.d-nb.de abrufbar.

Information bibliographique publiée par la Deutsche Nationalbibliothek: La Deutsche Nationalbibliothek inscrit cette publication à la Deutsche Nationalbibliografie; des données bibliographiques détaillées sont disponibles sur internet à l'adresse http://dnb.d-nb.de.

Coverbild / Photo de couverture: www.ingimage.com

Verlag / Editeur:
Presses Académiques Francophones
ist ein Imprint der / est une marque déposée de
AV Akademikerverlag GmbH & Co. KG
Heinrich-Böcking-Str. 6-8, 66121 Saarbrücken, Deutschland / Allemagne
Email: info@presses-academiques.com

Herstellung: siehe letzte Seite /
Impression: voir la dernière page
ISBN: 978-3-8381-7905-6

Accrochages de fréquences dans les lasers vectoriels à état solide : étude du verrouillage de modes passif et de la réinjection décalée en fréquence

Jérémie Thévenin

5 décembre 2012

Remerciements

Cette thèse a été menée à l'Institut de Physique de Rennes rattaché à l'Université de Rennes 1. Je remercie ses directeurs successifs Anne Renault et Jean-Pierre Landesman de m'avoir accueilli dans leur laboratoire et permit de profiter de conditions de travail rien moins qu'exceptionnelles. Cette thèse a également bénéficié du soutient matériel et financier de la Direction Générale de l'Armement dans le cadre du programme ASTRID/MINOTOR ; et de la région Bretagne via le contrat état-région PONANT.

J'ai été très sensible à l'intérêt que tous les membres du jury ont manifesté à l'égard de mon travail. Je remercie vivement les professeurs Hugues Guillet de Chatellus et Philippe Grelu qui ont accepté d'être rapporteurs de cette thèse, ainsi que Messieurs Ngoc Diep Lai, Sylvain Girard pour avoir participé au Jury, et Monsieur Patrice Féron de m'avoir fait l'honneur de le présider. Je les remercie également pour toutes leurs suggestions concernant autant le manuscrit que les expériences que j'ai pu leur présenter.

Je ne saurais jamais assez remercier mes mentors Marc Brunel et Marc Vallet, pour leur passion communicative et leur patience infinie pendant ces trois années. L'énergie débordante de Marc Vallet fut une source constante de motivation pendant cette thèse. J'exprime toute ma gratitude à Marc Brunel qui depuis six ans me donne envie de tutoyer les photons.

La trajectoire très peu linéaire de cette thèse m'a amené à travailler quotidiennement avec le professeur Marco Romanelli dont la compétence et la gentillesse ont été un renfort inestimable. Je souhaite ici lui témoigner mon profond respect.

La seconde partie de ce projet dérive des travaux des professeurs Sylvain Girard et Hervé Gilles, du CIMAP à Caen. Leur rôle ne se limita pas à poser les fondations de cette expérience, car ils ont encore contribué à l'article que nous avons publié ensemble. Qu'ils soient donc doublement remerciés.

La collaboration suivie avec le professeur Thomas Erneux, de l'Université Libre de Bruxelles, fut un grand plaisir, en Bretagne comme en Côte-d'Azur. Son talent mathématique et son recul sur les dynamiques complexes furent un réel catalyseur dans ce travail.

Ce manuscrit pèserait infiniment moins lourds sans les heures que m'ont consacré les membres du département Optique, leur savoir-faire indiscutable, leur soutient infaillible et leurs conversations toujours éclairantes. En particulier :

D'abord Goulc'hen Loas, recherché dans tout l'univers pour son expertise des fibres optiques, et qui m'a fait comprendre que le temps passé à rigidifier une cavité n'est jamais perdu. Et avec lui Cyril Hamel, qui a réalisé avec une précision chirurgicale les parties les plus délicates des lasers décrits dans cette thèse. Sans ces deux personnes, le laser vectoriel en verrouillage de mode n'existerait simplement pas.

Les interventions concernant l'électronique et les hautes fréquences de Ludovic Frein et de Steve Bouhier furent à chaque fois d'un grand secours, mais souvent aussi formatrices. Que leur modestie supporte mes plus sincères compliments pour leur savoir-faire.

Le brio d'Anthony Carré et les heures incalculables qu'il a passées à m'aider de mille manières comptent pour beaucoup dans la réussite de ce projet. Ce fut tout autant un plaisir de profiter de ses talents de graphiste que de converser avec cet esprit Libre.

Je remercie Medhi Alouini et François Bondu avec qui j'ai eu le plaisir d'échanger fréquemment ; leur érudition m'ont aidé plus d'une fois !

Je salue et je remercie mes anciens camarades du Master TAOL, Guillaume Alliot et Thomas Tressard, pour leur contribution au laser bi-fréquence à rétro-injection décalée en fréquence.

À mes cotés ont travaillé en stage Antoine Maillocheau, Jonathan Barré, Anasthase Liméry et Guillaume Beuzelin. Je sais qu'ils feront des merveilles en Physique. J'espère les avoir épaulé autant qu'ils en avaient besoin et je les remercie pour leurs contributions essentielles à ce manuscrit.

Dans le cadre de cette thèse, j'ai eu le privilège d'encadrer les troisième année des licences Physique et Matériaux. Ce fut un régal. Enseigner m'a permis de mieux comprendre, et j'encourage tout doctorant à tenter l'aventure du monitorat. Que soient remerciés Jean-Luc Le Garrec et Phillipe Rabiller, pour m'avoir donné cette opportunité. Je voudrais également citer Julien Fade et Nolwenn Huby qui, en plus d'être de francs amis (et de bon conseil jusqu'au bout !), s'impliquent complètement dans la diffusion du savoir scientifique, notamment au travers des Fêtes de la Science.

Un grand merci encore à Emmanuel Surjous de chez LeCroy ainsi que Abdessamad Benidar, pour nous avoir prêté des oscilloscopes de classe mondiale ; à Rozenn Piron, de L'INSA Rennes, pour sa photodiode *rapide-comme-la-lumière* qu'elle nous a gentiment prêté ; et merci à Guillaume Raffi pour nous avoir permis d'utiliser le cluster de l'équipe Simpa.

Ces trois années eurent été bien moins agréables sans l'ambiance chaleureuse que créèrent les occupants hauts en couleur du thésarium : David Pluchon, Antoine "Toinou" Rolland, Lucien Poujet, Gwenaël Danion, Nicolas Barré, John "John-John" Bigeon, Abelkrim "Karim" El Amili, Lihua Wang, et même l'invisible métaphysicien Bernardo Miranda. À eux tous : "Boudah" les salue !

J'en profite pour saluer les lapins déjantés du bout du monde et toute l'association Talenka qui m'ont nourri durant ces trois années de leurs sourires goguenards.

Je dédie cette thèse à mon père, PATRICE THÉVENIN,
qui m'a transmis sa passion pour la Science.

Table des matières

Introduction générale

L'étude de la dynamique des lasers est un champ de recherche florissant, et ce depuis que furent construits en 1954 les premiers masers, puis les premiers lasers en 1960 (grâce aux propositions en 1958 de SCHAWLOW et TOWNES [1], et indépendamment de BASOV [2] et PROKHOROV [3]). Le premier laser, construit par MAIMAN [4] dans les laboratoires de la Hughes Aircraft Company, utilisait comme milieu actif un cristal de rubis pompé par flash. Une des toutes premières observations fut que la puissance émise par le laser n'était ni constante ni régulière, mais à l'époque aucun modèle ne prédisait ce comportement.

À peine quelques années plus tard, LAMB [5] théorisa l'interaction matière-rayonnement par un modèle semi-classique. Son modèle permit de décrire le spectre et la dynamique d'intensité des premiers lasers à gaz. En parallèle, STATZ et DE MARS [6] développèrent un modèle basé sur des équations de flux ("rate equations"), qui décrivait les masers solides dans lesquels l'inversion de population ne peut être éliminée adiabatiquement. Ce modèle convient aux lasers solides. Il a été étendu pour rendre compte des propriétés spectrales du laser, notamment du fait de la largeur de la raie [7] ou du *hole burning* spatial [8].

Toutefois, ces modèles ne rendaient pas compte de la nature vectorielle du champ électromagnétique, c'est-à-dire de la polarisation des états propres oscillant dans le laser. Plusieurs descriptions vectorielles des lasers furent données par DE LANG [9], GREENSTEIN [10], et enfin par LE FLOCH [11, 12]. Ce dernier modèle, développé au sein de notre laboratoire, utilise le formalisme des matrices de JONES [13] pour déterminer la nature des états propres d'un laser. En substance, il repose sur l'identité du champ électromagnétique avec lui-même après un aller-retour dans la cavité. En utilisant ce formalisme, on a pu expliquer certains phénomènes entièrement dus à la présence des états propres et notamment à leur compétition pour le gain, comme certaines instabilités de fréquence et d'intensité dans les lasers à gaz ou à semi-conducteur [14, 15, 16, 17, 18].

De plus, pour décrire le comportement d'un laser solide, on étend le modèle des équations de flux, en considérant les deux états propres comme des oscillateurs couplés [19]. Les deux oscillateurs interagissent alors avec deux réservoirs d'inversion de population eux aussi couplés. Plusieurs mécanismes couplent les champs et les inversions de population des deux états propres. Les dynamiques non-linéaires communément observées dans les lasers se sont révélées être des comportements génériques que l'on rencontre également en biologie, en chimie, en électronique ou encore en ingénierie [20]. Contrairement à d'autres systèmes, le fonctionnement d'un laser peut être contrôlé avec une grande précision et les temps caractéristiques sont courts. Cela en fait un modèle pour l'étude des systèmes non-linéaires. Grâce à l'informatique moderne et au travail théorique sur les équations différentielles, on sait aujourd'hui décrire qualitativement des dynamiques non-linéaires complexes ainsi que l'organisation sous-jacente de leurs bifurcations [21].

Par ailleurs, les lasers solides tiennent une place prépondérante tant dans l'industrie que dans la recherche, ce grâce à leur coût relativement faible, leur compacité, leur forte puissance de sortie et leur large spectre de gain pouvant atteindre plusieurs dizaines de nm (lasers Ti:Saphir, Erbium, ...). Les applications des lasers solides incluent les télécommunications (faible coût, compacité), les impulsions ultra-courtes pour l'usinage haute précision et la femto-chimie (spectre larges, bonnes qualités optique, mécanique et thermique) ; ou encore le spectroscopie haute résolution (pureté spectrale et haute puissance). Les lasers solides sont donc à la fois un bon outil pour étudier la dynamique des lasers, et un sujet ouvrant sur des applications concrètes.

Dans cette thèse, qui s'inscrit dans la continuité des travaux de notre équipe, nous nous concentrerons sur les lasers solides bi-polarisation, encore appelés *bi-fréquence*, opérant dans le proche infrarouge. Dans les lasers bi-fréquence, une biréfringence lève la dégénérescence de fréquence des deux états propres, et l'on peut obtenir une fréquence de battement allant du Hz au THz, en envoyant les deux états propres au travers d'un polariseur orienté à 45° des axes propres du laser, puis en les détectant en interférence sur une photodiode.

Dans notre laboratoire, cette propriété a été utilisée dans bon nombre d'applications, parmi lesquelles la magnétométrie [22, 23], la détection de concentration faible de gaz [24, 25], ou la réalisation de gyrolasers non-conventionnels [26]. L'avantage principal des lasers bi-polarisation est de pouvoir générer des différences de fréquence (ou *fréquences de battement*) continument accordables du Hz au THz aussi bien en régime continu [27, 28, 29, 30, 31] que pulsé [32, 33, 34] avec un système compact et relativement simple.

Dans le cas de cavités usuelles à un axe de propagation, on ajuste la fréquence de battement au moyen d'une lame de phase réglable, auquel cas la limite haute de la fréquence de battement est simplement la moitié de l'intervalle spectral libre, soit quelques GHz, et au plus quelques dizaines de GHz. Cette limite peut être dépassée en faisant osciller les deux états propres sur deux axes optiques séparés, auquel cas la fréquence de battement n'est plus limitée que par la largeur du gain et peut atteindre quelques THz.

Les autres systèmes de transposition de signaux radio-fréquence sur une porteuse optique utilisent soit le mélange de deux lasers monomodes [35, 36, 37], soit un modulateur électro-optique intra- ou post-cavité [38, 39, 40]. Parmi les applications que peuvent adresser les lasers bi-polarisation on trouve également la télémétrie [41, 42, 43], le lidar-radar Doppler [44, 45], la génération de micro-ondes et d'ondes millimétriques [46, 47].

Plusieurs méthodes se présentent pour stabiliser la fréquence de battement : des méthodes opto-électronique, et des méthodes purement optiques. Les méthodes opto-électroniques, d'une manière générale, utilisent une boucle à verrouillage de phase qui permet de synchroniser la fréquence de battement sur une référence externe (synthétiseur RF ou microonde) en agissant sur un cristal électro-optique intra-cavité [48, 49, 50, 51, 52, 53]. Notons qu'on peut également stabiliser le battement en verrouillant une ou les deux fréquences optiques sur des références optiques : raies moléculaires [54, 55] ou résonances de cavité [56]. Les limitations de ces méthodes sont liées au temps de réponse des boucles opto-électroniques (de l'ordre de la μs). Ceci peut s'avérer gênant pour les applications où l'agilité en fréquence et/ou le caractère impulsionnel du battement sont obligatoires (lidar-radar par exemple).

Par opposition, des solutions de synchronisation tout-optique existent. Dans les lasers en régime de verrouillage de modes, un grand nombre de modes longitudinaux oscillent simultanément, et leurs phases relatives sont verrouillées par un mécanisme de couplage non-linéaire (lentille Kerr, absorption saturable, mélange à 4 ondes, ...) [57].

Dans la voie de la synchronisation tout-optique, on a également l'injection optique, qui vient *nourrir* le champ intra-cavité du laser avec un signal optique externe. La synchronisation est un comportement presque universel des systèmes non-linéaires, qui fut décrit par HUYGENS dès le XVIIeme siècle pour les pendules couplés [58]. Il a depuis été observé pour différents oscillateurs mécaniques, électriques [59], biologique, optique [60]. KERVÉVAN et *al.* ont montré qu'on peut verrouiller une fréquence propre sur l'autre au moyen d'une rétro-injection décalée en fréquence (RDF) [61].

Cependant, l'état de polarisation des lasers à verrouillage de modes est habituellement fixé par de fortes anisotropies intra-cavité. Seuls les lasers à semi-conducteurs et les lasers à fibre ont fait l'objet d'études liées à la polarisation : basculement TE/TM dans les lasers à semi-conducteurs [62, 63], dynamique des solitons vectoriels dans les fibres [64]. La dynamique de polarisation dans un laser solide vectoriel à modes bloqués reste à étudier. D'autre part, la technique de réinjection décalée en fréquence n'a pas été complètement décrite, aussi bien en régime continu qu'impulsionnel déclenché.

Finalement, on peut résumer la problématique de cette thèse à quelques questions : Quels sont les mécanismes d'accrochages de fréquence dans les lasers solides vectoriels, en régime mono- et multi-mode, en continu ou en pulsé ? Quel est le rôle de la dynamique intrinsèque aux lasers solides (oscillations de relaxation) ? Comment forcer l'accrochage optiquement sur une référence externe ?

Pour répondre à ces questions, les différentes approches de la synchronisation que nous venons de survoler seront mises en œuvre selon trois axes de recherche qui forment les trois parties de ce manuscrit.

Dans la première partie, après quelques rappels sur les lasers vectoriels, nous décrirons un laser solide à Néodyme en verrouillage de modes et nous regarderons dans quelles conditions les deux peignes de modes s'accrochent, et avec quelles conséquences sur la nature du champ en sortie du laser.

Dans la seconde partie du manuscrit, nous reviendrons à un laser monomode, et nous tenterons d'utiliser une référence de fréquence proche de la fréquence de battement du laser pour le synchroniser, au moyen d'une boucle de réinjection optique. Nous verrons si la stabilité de la référence de fréquence peut être transférée au battement optique, et quelle est la largeur de la plage d'accrochage. Nous mettrons en œuvre un modèle d'équations de flux pour essayer de reproduire nos résultats expérimentaux et dégager les paramètres essentiels du verrouillage de fréquence.

Dans la dernière partie enfin, nous reprendrons le montage précédent, en tenant compte de la résonance caractéristique du laser, pour voir si la synchronisation est toujours possible lorsque les intensités des deux états propres ne sont plus constantes, et à nouveau nous étudierons, expérimentalement et théoriquement, quelles en sont les limites. Notamment, nous nous intéresserons à la nature même de la plage d'accrochage.

Première partie

Double peigne de modes dans un laser solide

Introduction de la première partie

L'état de polarisation des lasers en verrouillage de mode est habituellement fixé soit par une forte anisotropie de perte comme une fenêtre de Brewster ou la conformation de la cavité, soit par un dichroïsme du gain [65, 66]. La dynamique de ces lasers est bien décrite par des modèles scalaires [67, 68]. Dans les lasers vectoriels, le rôle de la polarisation a été mis en évidence, notamment dans les lasers à semi-conducteurs et dans les lasers à fibre. En particulier dans les lasers à semi-conducteur, une cavité de rétro-injection contenant un élément bi-réfringent peut provoquer un basculement de la polarisation [62, 63]. Yang a également prédit qu'un laser à semi-conducteur, dont les modes sont activement verrouillés et contenant une lame quart-d'onde, émet un train d'impulsions dont l'état de polarisation alterne d'une impulsion à l'autre. Cela rappelle bien sûr les lasers à semi-conducteur auto-modulés en polarisation [62, 32]. Dans les lasers à fibre, la dynamique de polarisation a été abondamment étudiée, notamment car la rotation non-linéaire de polarisation permet la formation d'impulsions ultra-brèves [69]. En particulier, les lasers à fibre en régime solitonique vectoriel exhibent des dynamiques singulières telles que des états de polarisation évoluant librement, ou au contraire un verrouillage de l'état de polarisation pour certaines valeurs de la biréfringence globale de la cavité laser [64, 70, 71].

Cependant, la dynamique de polarisation des lasers à état solide en verrouillage de mode, où des anisotropies discrètes permettent de contrôler précisément la biréfringence intra-cavité, a été l'objet d'une attention moindre. Le but de cette partie est donc de montrer qu'un laser Néodyme peut émettre simultanément deux peignes de fréquences associés aux deux états propres du laser.

Pour cela, le premier chapitre introduira les notations et les concepts expérimentaux qui serviront à l'ensemble du manuscrit. On analysera en régime stationnaire les états propres d'un laser vectoriel. On rappellera le modèle spatial vectoriel [12] qui utilise le formalisme des matrices de Jones [13, 72, 73, 74, 75, 76, 77, 78].

Dans le second chapitre, en s'inspirant des résultats obtenus avec des lasers semi-conducteurs contenant une lame quart-d'onde [8, 32], où l'accrochage des modes est obtenu grâce au couplage non-linéaire du milieu actif, nous explorerons diverses configurations (choix du milieu actif, design de la cavité) afin d'obtenir une oscillation multi-mode sur deux états propres.

Dans le troisième chapitre, nous montrerons qu'un miroir à réflectivité saturable (SESAM) procure le couplage nécessaire au verrouillage en phase des deux peignes de modes longitudinaux associés aux deux polarisations propres du laser. L'analyse de Jones sera étendue au verrouillage de mode, tandis que nous démontrerons que l'oscillation multimodale, loin de gêner la cohérence du battement, peut au contraire l'améliorer, au moyen d'un accrochage généralisé des phases des différents modes longitudinaux ainsi que des états propres.

Chapitre 1

Rappels sur les états propres d'un laser solide anisotrope

1.1 Modèle spatial vectoriel

Généralement, les lasers sont constitués d'un milieu actif placé dans une cavité Fabry-Perot. Celle-ci est un résonateur optique, qui impose que le champ $\vec{E}$, en régime stationnaire, doit être identique à lui-même après un aller-retour dans la cavité. Mathématiquement, cette identité s'écrit :

$$\mathbf{M}\vec{E}_i = \lambda_i \vec{E}_i, \tag{1.1}$$

où $\mathbf{M}$ est une matrice de Jones (2×2). La matrice $\mathbf{M}$ est le produit des matrices de Jones représentant chaque élément de la cavité, pris sur un aller-retour. On supposera que la lumière est parfaitement polarisée (aucune diffusion notamment, cette hypothèse évite d'avoir recours aux matrices de Mueller et aux vecteurs de Stokes), et que tous ces éléments ont une réponse linéaire. Les solutions $\vec{E}_i$ de cette équation sont les vecteurs propres du laser, associés aux valeurs propres λ_i. À chaque solution est associée une amplitude, une fréquence, une phase et un état de polarisation. Le champ total $\vec{E}$ est une combinaison de ces solutions, pondérée par la dynamique du gain notamment.

$$\vec{E}_i = \exp(i\omega_i t + i\phi_i)\vec{J}_i \quad (1.2)$$

$$\vec{E} = \sum_i \vec{E}_i \quad (1.3)$$

On applique ce modèle à quelques cas typiques, correspondant aux diverses situations rencontrées dans la thèse. Notons que, sans perte de généralité et pour simplifier les écritures, les matrices de Jones associées aux éléments biréfringents ne seront pas toujours de déterminant égal à 1, et les vecteurs de Jones ne seront pas normalisés.

1.2 Milieu actif isotrope et lame quart-d'onde

Soit une cavité Fabry-Perot d'axe $\hat{z}$ et de longueur L terminée par deux miroirs M_A et M_B de réflectivités isotropes r_A et r_B. On place dans cette cavité un milieu actif G isotrope. On insère également dans la cavité une lame quart-d'onde $\mathbf{Q}$ de retard $\phi = \pi/2$. Soit $\mathbf{M}$ la matrice de Jones correspondant à un aller-retour dans la cavité en partant du miroir M_A, situé à côté du milieu actif :

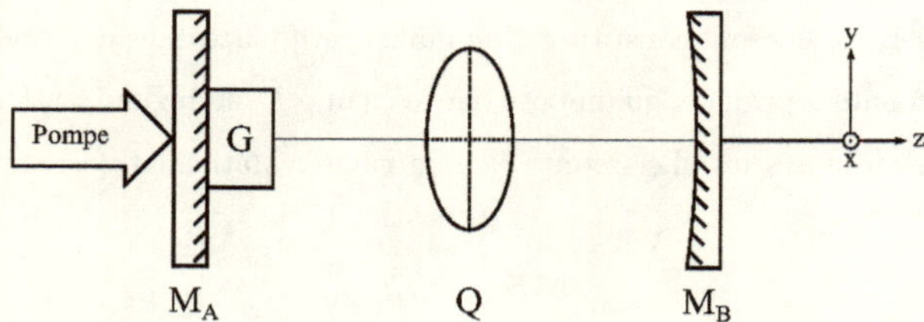

FIGURE 1.1 – Un laser ne contenant qu'une lame quart-d'onde en plus du milieu actif.

$$\mathbf{M} = r_A \; G \; \mathbf{Q} \; r_B \; \mathbf{Q} \; G \; e^{2i\omega L/c} \quad (1.4)$$

Où $\mathbf{Q} = \begin{pmatrix} 1 & 0 \\ 0 & i \end{pmatrix}$. On obtient alors :

$$\mathbf{M} = r_A r_B G^2 \; e^{2i\omega L/c} \begin{pmatrix} 1 & 0 \\ 0 & -1 \end{pmatrix} \quad (1.5)$$

Les valeurs propres de **M** sont $\lambda_\pm = \pm r_A r_B G^2\ e^{2i\omega L/c}$ et les vecteurs propres associés sont $\vec{E}_+ = \binom{1}{0}$ et $\vec{E}_- = \binom{0}{1}$. Les états propres de polarisation sont donc linéaires partout et alignés avec les axes de la lame quart-d'onde.

La relation d'auto-consistance (1.1) impose que $\lambda = 1$: D'une part le gain et les pertes doivent s'équilibrer, soit $|\lambda| = r_A r_B G^2 = 1$; D'autre part l'onde doit être en phase avec elle-même sur un aller-retour, c'est à dire $arg(\lambda) = 2i\omega L/c = 0 \pmod{2\pi}$, qui amène aux modes longitudinaux. Comme les 2 modes propres sont polarisés suivant les axes propres de la lame quart-d'onde, $\hat{x}$ et $\hat{y}$, les deux états propres sont déphasés de $\delta\phi = \pi$, ce qui induit un décalage $\delta\nu$ entre les fréquences propres des deux modes de polarisation associés au *même* mode longitudinal :

$$\delta\nu = \nu_y - \nu_x = \frac{c}{2L}\frac{\delta\phi}{2\pi} = \frac{c}{4L} \tag{1.6}$$

Dans ce cas simple, les fréquences propres des deux modes sont séparées par la moitié de l'intervalle spectral libre $c/2L$.

1.3 Milieu actif anisotrope et lame quart-d'onde

Dans un laser à état solide, il y a en général une anisotropie linéaire de gain (dichroïsme) et de phase (biréfringence) dans le milieu actif, même résiduelle. Ces anisotropies proviennent soit de la nature même du milieu actif, comme dans les cas des lasers Titane:Saphir ou Nd:YVO_4, soit de l'environnement du milieu actif : contraintes mécaniques ou thermiques, de défauts de la matrice cristalline, ou encore de la saturation dynamique du gain. Pour décrire avec précision les états de polarisation du laser, il est donc important de prendre en compte l'anisotropie du milieu actif. Nous verrons en outre que même résiduelle, cette anisotropie impose certains ajustements du laser.

Nous rajoutons donc au milieu actif du laser précédent une anisotropie γ incluant un dichroïsme $|\gamma|$ et une biréfringence ϕ. Un champ $\vec{E}$ polarisé suivant $\hat{x}$ (resp. $\hat{y}$) est amplifié d'un facteur g_x (resp. g_y). Ainsi nous redéfinissons la matrice de Jones du milieu actif :

$$\mathbf{G} = \begin{pmatrix} g_x \exp(i\phi/2) & 0 \\ 0 & g_y \exp(-i\phi/2) \end{pmatrix} = \begin{pmatrix} \gamma_x & 0 \\ 0 & \gamma_y \end{pmatrix},\ \gamma = \frac{g_y}{g_x} e^{-i\phi} \tag{1.7}$$

L'équation (1.7) fait implicitement deux approximations : d'abord nous traitons le milieu actif comme un élément ponctuel localisé sur l'axe z, et donc nous traitons également son anisotropie comme telle. En toute rigueur, l'anisotropie est distribuée sur toute la longueur du milieu actif, et nous devrions décomposer le milieu actif en tranches infinitésimales de gain en adoptant le formalisme des N-matrices [77]. Par ailleurs, nous supposons que l'anisotropie de gain et l'anisotropie de phase ont les mêmes axes propres. Ces précisions étant faites, on ne doit pourtant pas oublier que les axes propres de la lame quart-d'onde n'ont aucune raison d'être alignés avec ceux du milieu actif (alors que dans le cas précédent toute orientation était axe propre du milieu actif, puisqu'il était isotrope). On pose donc α l'angle entre l'axe rapide de la lame quart-d'onde et l'axe rapide du milieu actif, $\hat{x}$, tel que représenté sur la figure 1.2. La matrice de Jones $\mathbf{Q}_\alpha$ pour la lame quart-d'onde devient alors, dans le repère $(\hat{x}, \hat{y})$:

$$\mathbf{Q}_\alpha = \mathbf{R}(\alpha) \begin{pmatrix} 1 & 0 \\ 0 & i \end{pmatrix} \mathbf{R}(-\alpha), \quad \mathbf{R}(\alpha) = \begin{pmatrix} \cos\alpha & -\sin\alpha \\ \sin\alpha & \cos\alpha \end{pmatrix} \tag{1.8}$$

$$\mathbf{Q}_\alpha = \frac{1-i}{2} \begin{pmatrix} i + \cos 2\alpha & \sin 2\alpha \\ \sin 2\alpha & i - \cos 2\alpha \end{pmatrix} \tag{1.9}$$

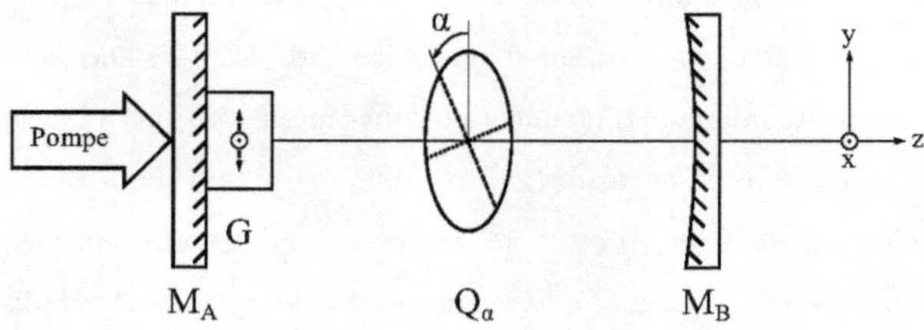

FIGURE 1.2 – Un laser contenant une lame quart-d'onde tournée par rapport aux axes propres du milieu actif anisotrope.

Cette situation est analogue au cas décrit dans la référence [28], mais qui ne traitait que le cas $\alpha = 45°$. Nous pouvons maintenant recalculer les états propres $\vec{E}'$ de ce laser, à partir de la matrice de Jones pour un aller-retour en partant du miroir M_A :

$$\mathbf{M}' = r_A \, \mathbf{G} \, \mathbf{Q}_\alpha \, r_B \, \mathbf{Q}_\alpha \, \mathbf{G} \, e^{2i\omega L/c} \tag{1.10}$$

$$= r_A r_B \, e^{2i\omega L/c} \begin{pmatrix} \gamma_x^2 \cos 2\alpha & -\gamma_x\gamma_y \sin 2\alpha \\ -\gamma_x\gamma_y \sin 2\alpha & -\gamma_y^2 \cos 2\alpha \end{pmatrix} \tag{1.11}$$

Les valeurs propres de $\mathbf{M}'$ sur le miroir M_A sont alors :

$$\lambda'_{A\pm} = \frac{i}{2} r_A r_B e^{2i\omega L/c} \left((\gamma_y^2 - \gamma_x^2) \cos 2\alpha \pm \sqrt{(\gamma_y^2 - \gamma_x^2)^2 \cos^2 2\alpha + 4\gamma_x^2\gamma_y^2} \right) \tag{1.12}$$

$$= \frac{i}{2} r_A r_B e^{2i\omega L/c} \gamma_x^2 \left((\gamma^2 - 1) \cos 2\alpha \pm \sqrt{(\gamma^2 - 1)^2 \cos^2 2\alpha + 4\gamma^2} \right) \tag{1.13}$$

Lorsque $\alpha \neq 0$, les vecteurs propres de $\mathbf{M}'$ deviennent alors :

$$\vec{E}'_{A\pm} = \begin{pmatrix} (\gamma^2 + 1) \cos 2\alpha \pm \sqrt{(\gamma^2 - 1)^2 \cos^2 2\alpha + 4\gamma^2} \\ 2\gamma \sin 2\alpha \end{pmatrix} \tag{1.14}$$

Dans le cas où les axes neutres du milieu actif et de la lame quart-d'onde sont alignés, c'est à dire $\alpha = 0$, les vecteurs sont simplement $\binom{0}{1}$ et $\binom{1}{0}$.

On peut vérifier que cela est cohérent avec le résultat précédent en supposant un gain isotrope, c'est à dire $\gamma = 1$. Dans ce cas les états propres redeviennent :

$$\vec{E}'_{A\pm} = 2 \begin{pmatrix} \cos 2\alpha \pm 1 \\ \sin 2\alpha \end{pmatrix} \tag{1.15}$$

Qu'on peut récrire, à un facteur multiplicatif près :

$$\vec{E}'_{A+} = \begin{pmatrix} \cos\alpha \\ \sin\alpha \end{pmatrix}, \quad \vec{E}'_{A-} = \begin{pmatrix} -\sin\alpha \\ \cos\alpha \end{pmatrix}$$

Et on obtient bien deux états propres linéairement polarisés et orthogonaux, orientés suivant les axes neutres de la lame quart-d'onde.

Nature des états propres en A : L'équation (1.14) permet de définir mais pas d'exprimer simplement la nature des états propres sur le miroir M_A pour des valeurs quelconque de α et de γ. En revanche dans un certain nombre de cas, les deux états propres restent linéaires et orthogonaux en A (comme en l'absence de la lame quart-d'onde), notamment lorsque :

— $\alpha = 0 \pmod{\pi}, \forall\gamma \in \mathbb{C}$

— $\alpha = \pi/4 \pmod{\pi}, \forall\gamma \in \mathbb{C}$. En effet $\vec{E}'_{A\pm}(\alpha = \pi/4) = 2\gamma \left(\begin{smallmatrix}\pm 1\\ 1\end{smallmatrix}\right)$.

— $\alpha = \pi/2 \pmod{\pi}, \forall\gamma \in \mathbb{C}$, qui est identique au cas $\alpha = 0$ en redéfinissant le dichroïsme de gain $\gamma' = 1/\gamma$, puisque cela revient à interchanger les axes $\hat{x}$ et $\hat{y}$.

— $\forall\alpha, \forall\gamma \in \mathbb{R}$, c'est à dire lorsque le milieu actif n'est pas biréfringent. Dans ce cas les deux composantes de $E'_{A\pm}$ sont réelles, et les états propres sont donc linéaires. Par ailleurs, on peut montrer qu'ils sont également orthogonaux.

— $\forall\alpha, \forall|\gamma| = 1 \Leftrightarrow \gamma = e^{-i\phi}$, c'est à dire lorsque le milieu actif présente seulement une biréfringence et pas de dichroïsme. Dans ce cas, les états propres s'écrivent :

$$\vec{E}'_{A\pm} = 2e^{-i\phi}\begin{pmatrix}\cos\phi\cos 2\alpha \pm \sqrt{-\sin^2\phi\cos^2 2\alpha + 1}\\ \sin 2\alpha\end{pmatrix} \tag{1.16}$$

Au centre de la cavité : À partir des solutions $\vec{E}'_{A\pm}$, l'onde se propage directement du point A au point B, ce qui nous permet de calculer les états propres du laser partout dans la cavité pour ce sens de propagation. Entre le milieu actif et la lame quart-d'onde, point que nous appellerons C, les états propres sont, pour α non nul :

$$\vec{E}'_{C\pm} = \mathbf{G}\vec{E}'_{A\pm} \tag{1.17}$$

$$= \begin{pmatrix}\gamma_x & 0\\ 0 & \gamma_y\end{pmatrix}\begin{pmatrix}(\gamma^2+1)\cos 2\alpha \pm \sqrt{(\gamma^2-1)^2\cos^2 2\alpha + 4\gamma^2}\\ 2\gamma\sin 2\alpha\end{pmatrix} \tag{1.18}$$

$$= \gamma_x\begin{pmatrix}(\gamma^2+1)\cos 2\alpha \pm \sqrt{(\gamma^2-1)^2\cos^2 2\alpha + 4\gamma^2}\\ 2\gamma^2\sin 2\alpha\end{pmatrix} \tag{1.19}$$

Dans le cas où les axes du milieu actif et de la lame quart-d'onde sont alignés ($\alpha = 0$), les états propres sont $\left(\begin{smallmatrix}\gamma_x\\ 0\end{smallmatrix}\right)$ et $\left(\begin{smallmatrix}0\\ \gamma_y\end{smallmatrix}\right)$.

Au centre de la cavité, les états propres sont linéaires et orthogonaux quelque soit γ à condition que $\alpha = 0 \pmod{\pi/2}$ (comme sur le miroir M_A). En revanche, pour les autres valeurs de α, les états propres ne sont plus alors orthogonaux que si $|\gamma| = 1$ et ne sont plus linéaires que si $\gamma \in \mathbb{R}$.

En sortie du laser : Sur le miroir M_B, et donc en sortie du laser, l'expression des états propres devient complexe :

$$\begin{aligned}
\vec{E}'_{B\pm} &= \mathbf{Q}_\alpha \vec{E}'_{C\pm} \\
&= \gamma_x \frac{1-i}{2} \begin{pmatrix} i+\cos 2\alpha & \sin 2\alpha \\ \sin 2\alpha & i-\cos 2\alpha \end{pmatrix} \begin{pmatrix} (\gamma^2+1)\cos 2\alpha \pm \sqrt{(\gamma^2-1)^2\cos^2 2\alpha + 4\gamma^2} \\ 2\gamma^2 \sin 2\alpha \end{pmatrix} \\
&= \frac{1-i}{2} \begin{pmatrix} (i+\cos(2\alpha))((1+\gamma^2)\cos(2\alpha) \pm \sqrt{4\gamma^2+(\gamma^2-1)^2\cos(2\alpha)^2}) + 2\gamma^2\sin(2\alpha)^2 \\ 2\gamma^2(i-\cos(2\alpha))\sin(2\alpha) + ((1+\gamma^2)\cos(2\alpha) \pm \sqrt{4\gamma^2+(\gamma^2-1)^2\cos(2\alpha)^2})\sin(2\alpha) \end{pmatrix}
\end{aligned}$$

En sortie du laser, l'ellipticité et l'orientation des états propres sont liés d'une manière complexe à l'anisotropie du milieu actif (dichroïsme et biréfringence). Sauf cas particulier (e.g. $\alpha = 0, \gamma = i$), les états propres ne sont ni linéaires ni orthogonaux. Dans le cas général, on a vu que les 2 états propres n'étaient plus orthogonaux dès qu'on quitte le miroir M_A, ce qui renforce leur couplage et perturbe l'oscillation simultanée sur les deux états propres.

Discussion

On a représenté les états propres de polarisation en différent point de la cavité sur la figure 1.3, dans le cas où la lame quart-d'onde est orientée à $\alpha = \pm 45°$ des axes neutres du milieu actif dont les axes sont, par convention, horizontaux et verticaux.

Quand le milieu actif est isotrope ($\delta\phi = 0, |\gamma| = 1$), les états propres $\vec{E}_\pm$ sont orientés suivant les axes de la lame quart-d'onde, partout dans la cavité.

Le dichroïsme du gain tend à redresser l'orientation des états propres au centre C de la cavité (en rouge), sans toucher à leur linéarité. En revanche, en sortie du laser M_B (en bleu), les états propres restent alignés sur la lame quart-d'onde, mais ils deviennent elliptiques.

L'influence de la biréfringence du gain est le parfait complémentaire du dichroïsme. En l'absence de dichroïsme, les états propres au centre C de la cavité restent alignés sur la lame quart-d'onde mais deviennent elliptique, tandis qu'en sortie (M_B) du laser, les états sont à nouveau linéaires, mais leur orientation a tourné de la moitié de la valeur de la biréfringence ($\delta\phi/2$).

Quand on a simultanément dichroïsme et biréfringence de gain, les états deviennent ellip-

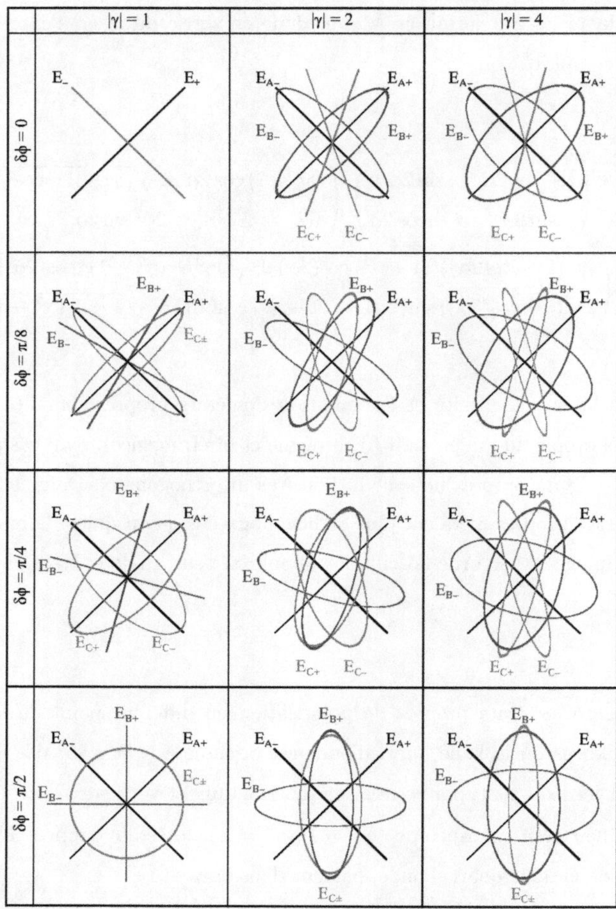

FIGURE 1.3 – États propres en différents points du laser.

tiques et ne sont pas orthogonaux (sauf dans le cas particulier $|\gamma| = 1$). Cependant, il est possible d'observer les états propres du laser indépendamment, grâce à un système optique simple décrit plus loin.

1.4 Milieu actif anisotrope et lame de phase ajustable

La deuxième configuration que nous présentons ici sera utilisée dans les trois parties du manuscrit. Il s'agit d'une cavité contenant un milieu actif isotrope ou anisotrope et deux lames quart-d'onde (voir figure 1.4). Cette situation a déjà été abondamment étudiée depuis les propositions originales de EVTUHOV et SIEGMAN [79], et de KASTLER indépendamment [80]. Sans rentrer dans les calculs, nous rappelons ici quelles sont les propriétés des états propres dans cette configuration.

Partant de la situation précédente d'une lame quart-d'onde $\mathbf{Q}$ orientée à 45° des axes propres du milieu actif, on ajoute une seconde lame quart-d'onde $\mathbf{Q}_\alpha$, orientée d'un angle α par rapport aux lignes neutres de la première lame quart-d'onde $\mathbf{Q}$. Le produit des matrices de Jones de ces deux éléments donne

$$\mathbf{Q}\mathbf{Q}_\alpha = \mathbf{R}(\alpha/2)\begin{pmatrix}1 & 0\\ 0 & \exp(2i\alpha)\end{pmatrix}\mathbf{R}(-\alpha/2), \tag{1.20}$$

ce qui met en évidence la propriété que l'assemblage des deux lames est équivalent à une lame de phase ajustable (par rotation d'une lame par rapport à l'autre. Notons que cette propriété est généralisable à d'autres combinaisons. En effet, le théorème de Hurwitz-Jones montre que toute combinaison de plusieurs dichroïsmes, de biréfringence et de rotateurs peut se récrire comme le produit d'un seul dichroïsme, d'une seule biréfringence et d'un seul rotateur [81].

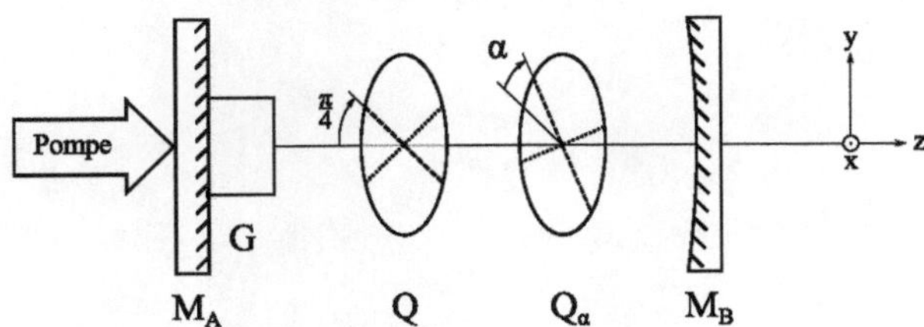

FIGURE 1.4 – Un laser contenant deux lames quart-d'onde tournées l'une par rapport à l'autre.

En appliquant à nouveau la condition de résonance (1.1), on trouve que si le milieu actif est isotrope, les états propres du laser sont circulaires gauche et droite entre les deux lames quart-d'onde, tandis qu'en dehors de celles-ci, ils sont linéaires et orientés à 45° de la lames quart-d'onde adjacente [82]. Notons qu'entre les deux lames quart-d'onde, les ondes circulaires d'un même état propre, circulant dans un sens ou dans l'autre ($\pm z$), ont des sens de rotation opposés ($\pm\sigma$). Il en résulte une structure d'onde stationnaire hélicoïdale [80] baptisée "twisted-mode" par EVTUHOV et SIEGMAN. Dans ce cas, la différence de fréquence entre les deux états propres du laser est directement proportionnelle à l'écart angulaire α :

$$\Delta\nu = \frac{2\alpha}{\pi} \times \frac{c}{2L} \tag{1.21}$$

Si, en revanche, le milieu actif est anisotrope on aura les mêmes effets d'elliptisation et de rotation des états propres que dans le laser à une seule lame quart-d'onde. En particulier, un dichroïsme pur rendra les états propres non-orthogonaux, alors qu'une biréfringence pure modifiera l'ellipticité et l'orientation des états propres en différents points de la cavité.

Nous allons maintenant vérifier ces prédictions théoriques sur des lasers solides dopés au Néodyme. Nous discuterons du choix de ces milieux actifs puis nous verrons qu'en plus d'offrir un contrôle total de la polarisation, cette architecture de laser à deux lames quart-d'onde permet la réalisation d'oscillateurs ultra-stables dans des gammes de fréquence difficilement atteignables par l'électronique.

Chapitre 2

Application aux lasers à Néodyme

2.1 Rappels sur les milieux actif Nd:YVO_4 et Nd:YAG

Les lasers où l'ion terre rares Nd^{3+} entre dans la composition du milieu actif sont très répandus, et particulièrement dans les lasers à états solides. Parmi ces milieux actifs, on trouve depuis les années 60 les cristaux de grenat d'yttrium-aluminium ($Y_3Al_5O_{12}$, YAG en anglais) et de vanadate d'yttrium (YVO_4) [83], où l'ion Nd^{3+} vient se substituer à quelques atomes d'yttrium. Bien qu'étant plus utilisé dans l'industrie en raison son efficacité de conversion, le Nd:YVO_4 présente une forte anisotropie de gain, dont est dépourvue le Nd:YAG. Le but de cette courte section est de rappeler les points communs et les différences significatives de ces 2 milieux actifs.

Gain optique

Ces deux milieux actifs ont en commun une de leur longueur d'onde de fluorescence (1064 nm), et sont également pompés à la même longueur d'onde (808 nm), ce qui permet d'utiliser les mêmes éléments optiques pour les deux milieux actifs.

Comme pour les autres ions terres rares, la transition laser concerne les électrons de la couche 4f. Les 4 niveaux d'énergie en jeu dans l'oscillation laser sont montrés sur la figure 2.1. Partant de l'état fondamental (0), ces électrons peuvent passer dans l'état excité supérieur (3) en absorbant un photon. Par un processus non-radiatif, ils descendent ensuite rapidement ($\tau_{3\rightarrow 2} \approx 0,33$ ns) vers l'état excité inférieur (2). À ce point, la dés-excitation non-radiative vers l'état

(1) a un temps caractéristique grand devant la dés-excitation par fluorescence (i.e. l'émission spontanée ou stimulée d'un photon), qui est donc privilégiée. Enfin, de l'état (1) l'électron retrouve rapidement ($\tau_{1\to 0} \approx 0,01$ ns) l'état fondamental par transition non-radiative [84].

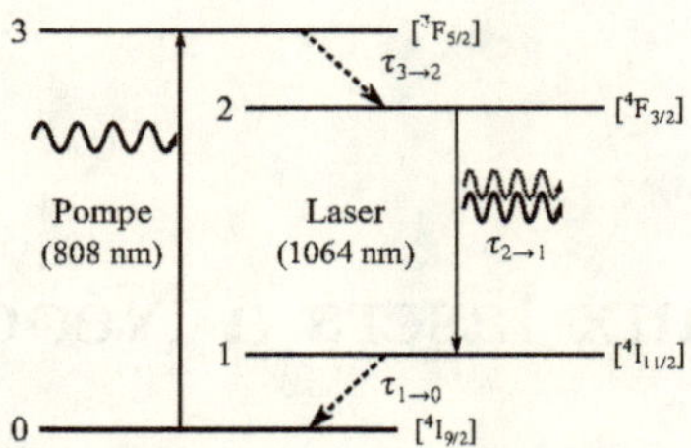

FIGURE 2.1 – Schéma simplifié des niveaux d'énergie issus de la structure fine de la bande 4f de l'ion Néodyme Nd^{3+}.

La différence principale entre le Nd:YAG et le Nd:YVO_4 est la largeur de la bande de gain à 1064 nm, qui est de 0,6 nm et 1,1 nm, respectivement. La largeur de la bande de gain fixe la borne supérieure du nombre de modes longitudinaux capables d'osciller. Par ailleurs, une autre différence importante est leur temps de vie de fluorescence ($\tau_{2\to 1}$), qui valent pour ces deux milieux actifs 230 et 90 μs, respectivement. Cette différence se reporte directement sur la fréquence des oscillations de relaxation et l'énergie par impulsion en régime déclenché [85, 86, 87].

Effets thermiques

Dans ces deux milieux actifs, le pompage par diode provoque un échauffement localisé du cristal qui induit un gradient d'indice induisant une *lentille thermique*, qui est similaire pour ces deux cristaux (la conductivité thermique du YVO_4 est plus faible, mais ses coefficients thermo-optiques aussi). Néanmoins le vanadate d'yttrium présente une biréfringence thermique : $\partial n_c/\partial T = 3 \times 10^{-6}/K$, $\partial n_a/\partial T = 8,5 \times 10^{-6}/K$. Pour le YAG, la dépendance thermique de l'indice est isotrope : $\partial n/\partial T = 7 \times 10^{-6}/K$ [1] (pour un cristal taillé suivant l'axe [1 1 1] et dopage à 2 %at).

1. valeur provenant de la documentation de CASIX

Milieu actif	Nd^{3+} :YAG	Nd^{3+} :YVO_4
Structure du cristal	Cubique	Tétragonale
Largeur de la bande de gain $\Delta\lambda$	0,6 nm	1 nm
Durée de vie de fluorescence	230 μs	90 μs
Section efficace d'absorption à 808 nm $\sigma_{\pi,abs}$	8×10^{-20} cm^2	60×10^{-20} cm^2
Section efficace d'émission à 1064 nm $\sigma_{\pi,em}$	4×10^{-20} cm^2	114×10^{-20} cm^2

2.2 États propres d'un laser Nd:YVO$_4$

Dans le premier chapitre, nous avons prédit les états propres de polarisation d'un laser contenant une lame de phase ajustable et un milieu actif qui présente lui-même une biréfringence et du dichroïsme. Nous étudions ici expérimentalement cette configuration avec un laser Nd:YVO$_4$.

2.2.1 Montage expérimental

Le milieu actif **G** de notre laser est un cristal parallélépipèdique de Nd:YVO$_4$ ($l \times c \times c = 1 \times 4 \times 4mm^3$), dont l'axe de fort gain est orienté verticalement. Ce cristal présente un fort dichroïsme $|\gamma| = |\gamma_\pi/\gamma_\sigma| \approx 4$, ainsi qu'une biréfringence variable $\delta\phi_{Gain} = \delta\phi_0 + \delta\phi_{Thermique}(T)$. Le cristal a un traitement pour 1064 nm, antireflet sur un coté et haute réflexion de l'autre coté M_A. Le traitement de ce coté laisse passer la longueur d'onde de pompe (808 nm). La cavité laser de longueur $L = 460$ mm est délimitée par le miroir M_A déposé sur le milieu actif, et de l'autre coté par un coupleur de sortie M_B de transmission 1% (Rayon de courbure $R_c = 500$ mm). Le laser est pompé par une diode laser[2] qui émet jusqu'à 1,3 W à 808 nm. Le faisceau de pompe sort d'une fibre multimode de 300 μm de diamètre de cœur, et est ensuite collimaté puis focalisé par 2 lentilles de focales 100 mm et 30 mm respectivement (voir la figure 2.2).

2.2.2 Mesure de l'orientation des états propres

On analyse la polarisation en sortie du laser grâce à un isolateur polarisant $\mathbf{P}_\theta$ suivi ou bien d'un puissance-mètre, ou bien d'un spectromètre optique type Fabry-Perot (d'intervalle spectral libre 7,5 GHz, de finesse 4000 et de résolution 30 MHz). Il est important de noter qu'ici

2. La diode de pompe a une sortie fibrée multimode et est vendue par Spectra-Physics (SFA100-808-02-01)

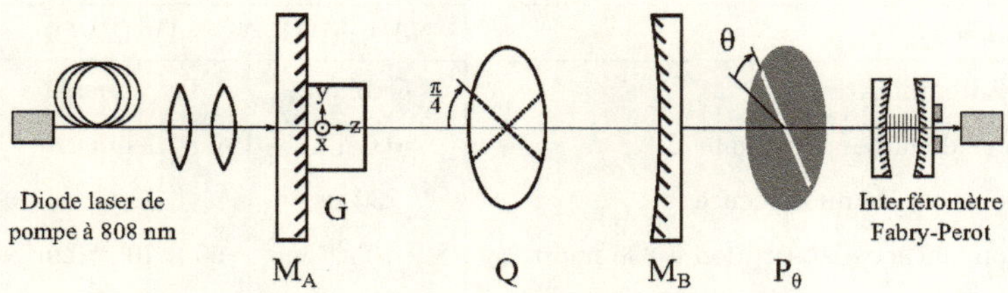

FIGURE 2.2 – Schéma du laser Nd:YVO_4 avec lame quart-d'onde et système de détection.

le laser oscille sur plusieurs modes longitudinaux, puisque nous n'avons pris aucune précaution particulière pour forcer l'oscillation monomode, car on ne s'intéresse pour l'instant qu'à la polarisation. Il en résulte plusieurs pics espacés d'une ou plusieurs fois l'intervalle spectral libre sur le spectre de chaque état propre.

Sans lame quart-d'onde

Le spectre contient des pics dont l'intensité varie selon l'orientation du polariseur. Notamment, quand le polariseur est orienté horizontalement ($\hat{x}$), l'intensité de certains pics tombe pratiquement à zéro. Inversement, quand le polariseur est orienté verticalement ($\hat{y}$), l'intensité de ces mêmes pics est maximale tandis que l'intensité des autres pics tombe à zéro. De cette manière, on déduit que les états propres du laser sont polarisés linéairement et orientés suivant $\hat{x}$ et $\hat{y}$, c'est à dire par convention les axes propres du milieu actif.

En mesurant avec le puissance-mètre le rapport des intensités polarisées suivant $\hat{x}$ et $\hat{y}$, on trouve :

$$\frac{I_y}{I_x} = \frac{\mathbf{P}_{\pi/2}\vec{E}_{out}}{\mathbf{P}_0\vec{E}_{out}} = \frac{49 \text{ mW}}{14 \text{ mW}} = 3,5 \tag{2.1}$$

Ce résultat est conforme à l'orientation du cristal ($g_y > g_x$). En principe, en mesurant l'écart de fréquence entre les pics de fréquence correspondant aux deux états propres, on en déduit la biréfringence du milieu actif. Malheureusement, la résolution de l'interféromètre Fabry-Perot (30 MHz), est insuffisante pour mesurer la biréfringence du milieu actif.

Avec une lame quart-d'onde

On rajoute une lame quart-d'onde dans la cavité. Ses axes sont tournés de 45° par rapport à l'orientation mesurée des axes neutres du milieu actif. Comme on l'a vu précédemment, la variation de biréfringence du milieu actif va se traduire par une rotation des états propres, que l'on peut mesurer. En effet dans cette situation, on observe que l'orientation des états propres a tourné de 12° par rapport à leur orientation initiale. Qui plus est, quelle que soit l'orientation du polariseur $\mathbf{P}_\theta$, l'intensité des pics de fréquence associés à chaque état propre ne tombe jamais rigoureusement à zéro. Cela traduit l'elliptisation et la perte d'orthogonalité des états propres, ici dues au dichroïsme du gain.

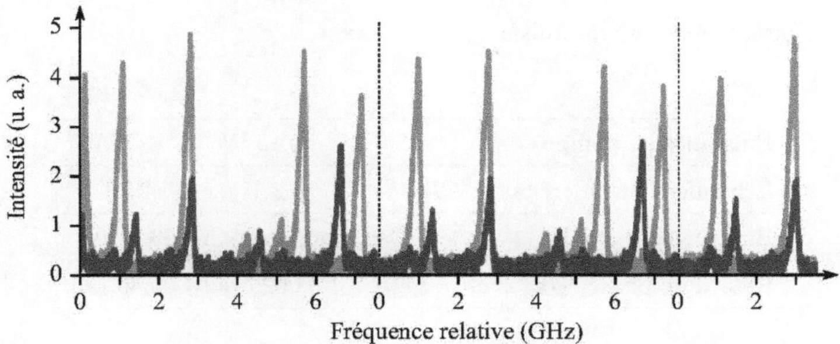

FIGURE 2.3 – Spectre optique du laser Nd:YVO$_4$ contenant une lame quart-d'onde et suivi d'un polariseur orienté verticalement (en rouge) ou horizontalement (en bleu).

Le spectre obtenu avec le Fabry-Perot est montré sur la figure 2.3. Le laser oscille simultanément sur plusieurs modes longitudinaux sur chacun des deux états propres $\hat{x}$ et $\hat{y}$. Parmi les modes oscillant, seuls deux partagent le même mode longitudinal (repérés en abscisse près de 2,8 GHz). Le fait que les autres modes oscillant soient des modes longitudinaux d'ordres différents facilite la mise en évidence des deux états propres.

Mesure de la biréfringence thermiquement induite

Le faisceau de pompe focalisé dans le cristal d'YVO$_4$ provoque une biréfringence via l'énergie dissipée sous forme de chaleur au cours du processus de pompage. Cet échauffement est localisé dans une région très restreinte près du miroir M_A, car le faisceau de pompe est absorbé rapidement par le Néodyme. On s'attend donc à pouvoir utiliser les résultats de la section précédente. Pour stabiliser la température du cristal, on sertit celui-ci dans un bloc de cuivre régulé en température par un module à effet Peltier.

Sur la figure 2.4, on a repéré l'orientation des deux états propres (respectivement en rouge et en bleu) en fonction de la puissance de pompe. La chaleur dissipée au point d'impact du faisceau est avec une bonne approximation proportionnelle à sa puissance. On observe que l'orientation des deux états propres varie linéairement avec la température du cristal. Une manière simple d'estimer la biréfringence induite thermiquement consiste à mesurer l'échauffement de la surface du cristal par rapport à la température ambiante (grâce à la thermistance placée entre le milieu actif et le thermocouple Peltier). La rotation observée des états propres ($30° \equiv 0{,}52$ rad) correspond relativement bien à la valeur déduite du formalisme de Jones et de la variation calculée de la biréfringence $\delta\phi$ du milieu actif :

Puissance de pompe	0,15 W	1,2 W
Échauffement du cristal $T - T_0$	3,1°	27,3°
Biréfringence δn	0,6 $\times 10^{-6}$	93 $\times 10^{-6}$
Retard de phase $\delta\phi = 2\pi\delta n \times l_{YAG}/\lambda$	0,0626 rad	0,549 rad

2.2.3 Discussion

Nous remarquons qu'un dichroïsme du gain rend difficile l'oscillation simultanée des 2 états propres. Néanmoins on peut optimiser leur couplage via la saturation croisée du gain en plaçant une lame quart-d'onde dans la cavité dont les axes sont à 45° des axes neutres du milieu actif. La biréfringence du gain, si elle ne gêne que peu l'oscillation sur les deux états propres, nécessiterait une lame de phase ajustable pour être compensée. Dans le Nd:YVO_4, la contribution de la biréfringence thermique (due au faisceau de pompe) rend la maîtrise des états propres difficile, et leur stabilité tributaire du système de pompage.

Dans la suite du manuscrit, où nous nous intéresserons à la dynamique temporelle des états propres, et donc aux fréquences des oscillations de relaxation du laser, le dichroïsme et la biréfringence variable du Nd:YVO_4 deviendraient un paramètre limitant de nos investigations. Pour cette raison, nous choisirons désormais le Nd:YAG, dont la biréfringence est un ordre de grandeur plus faible que celle du Nd:YVO_4. Qui plus est, la biréfringence d'origine thermique

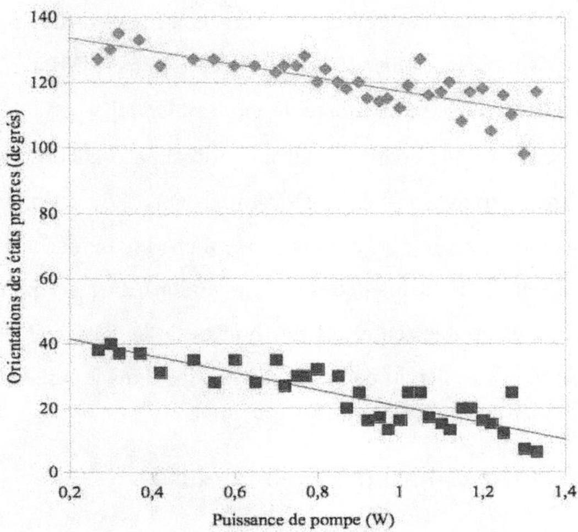

FIGURE 2.4 – Rotation des deux états propres induite par la variation de la biréfringence induite thermiquement du milieu actif.

est principalement orthoradiale dans le Nd:YAG, et est donc tout à fait négligeable pour un laser pompé suivant son axe optique.

2.3 Laser Nd:YAG bi-polarisation multimode

Dans les lasers à semi-conducteurs contenant une lame quart-d'onde en cavité externe, il a été observé un verrouillage des modes longitudinaux du laser induit par la seule dynamique du gain [62]. Ce verrouillage se produit sur les deux états propres d'un laser, contrairement aux lasers à verrouillage de mode usuels qui n'oscillent que sur un état propre de polarisation. Un point remarquable de ces expériences est que l'interférence entre les états propres en sortie du laser conduit à un basculement TE/TM de la polarisation à la fréquence c/4L [32]. Ce résultat est obtenu dans une cavité contenant uniquement le milieu actif et une lame quart-d'onde, comme les lasers dont nous venons de parler. C'est ce premier type de dynamique que nous allons essayer de retrouver dans un laser solide bi-polarisation et multi-mode.

Le mécanisme de couplage des modes par le gain est très différent, en nature comme en temps caractéristiques, dans les lasers solides et à semi-conducteurs. Cependant, on sait que le *hole burning* spatial [8] peut induire un couplage non-linéaire des intensités [88] et des phases [89] des différents modes oscillant. Il a été observé dans le Nd:YAG que cet effet vient perturber ou au contraire aider le verrouillage de modes [90, 91].

Dans un premier temps, nous construirons un prototype oscillant juste sur deux modes longitudinaux. Nous montrerons que la polarisation en sortie du laser varie périodiquement dès lors que sur chaque état propre plusieurs modes longitudinaux oscillent en phase. Dans un second temps, nous retirerons le filtre spectral (lame étalon) du laser pour obtenir davantage de modes longitudinaux, et nous discuterons des limites de la mise en phase par le gain seul. Nous évaluerons notamment le rôle du couplage des modes dans le milieu actif.

2.3.1 Description du montage expérimental

Les deux lasers dont nous détaillerons le fonctionnement dans la section suivante, respectivement bi-mode et multimode longitudinal, ne diffèrent que par la présence d'une lame étalon, qui vient filtrer spectralement le gain du Nd^{3+} :YAG. Nous les décrirons donc en une seule fois.

La cavité du laser de longueur ajustable $L < 1$ m est délimitée par les miroirs M_A et M_B de réflectivités $R_A = 99\%$ et $R_B = 98\%$ et de même rayon de courbure $R_C = 500$ mm. En plus du milieu actif **G** et de la biréfringence ajustable créée par les lames quart-d'onde **Q** et $\mathbf{Q}_\alpha$, on insère dans la cavité une lame étalon d'épaisseur 1 mm et de réflectivité 40% par face, tel que schématisé sur la figure 2.5.

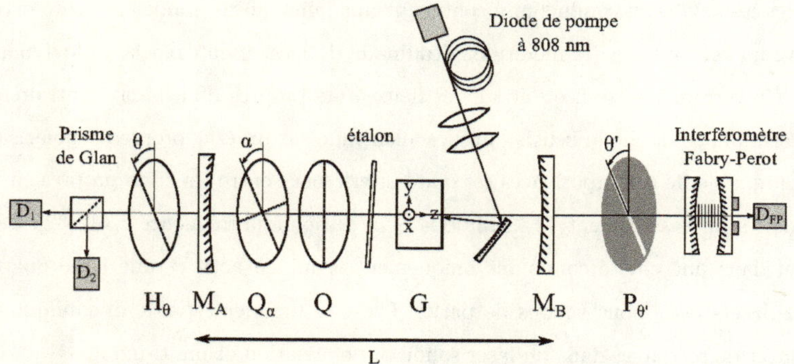

FIGURE 2.5 – Schéma du laser bi-polarisation (au centre) entouré par les systèmes de détection fréquentiel (à droite) et temporel (à gauche), ainsi que par le système de pompage (en haut).

Afin de minimiser le recouvrement spatial des modes et ainsi faciliter l'oscillation sur des modes longitudinaux adjacents, on a placé le milieu actif au centre de la cavité. En contrepartie, le pompage optique doit se faire de biais, ce qui complique également la dynamique du laser [92]. L'angle d'incidence de 2° du faisceau de pompe sur le milieu actif est limité par la présence du faisceau laser [3]. Le recouvrement entre faisceau laser et faisceau de pompe n'est donc plus optimal. Cependant, en désaxant le milieu actif (d'un angle $< 1°$), on peut presque compenser cet angle d'incidence. Il en résulte néanmoins une dégradation du rendement énergétique global du laser, toutefois suffisant pour nos observations.

Ce pompage en biais libère une des extrémités de la cavité, si bien qu'on a pu installer deux systèmes de détection indépendants qui observent respectivement les propriétés fréquentielles et temporelles du laser. La détection en fréquence est faite par l'interféromètre Fabry-Perot précédé d'un polariseur orientable $\mathbf{P}_{\theta'}$, comme dans la section 2.2. La détection temporelle consiste en une paire de photodiode D_1 et D_2 observant deux états de polarisation orthogonaux (photodiode InGaAs de bande passante 2 GHz). Le champ de sortie du laser est projeté sur deux états orthogonaux par un prisme de Glan. Le choix des états de polarisation observés se fait en tournant une lame demie-onde $\mathbf{H}_\theta$ qui précède le prisme de Glan. On peut ainsi décider d'observer soit l'intensité $|E_1|^2$ et $|E_2|^2$ des 2 états propres du laser indépendamment, soit leur battement $|E_1 \pm E_2|^2$, ou bien encore une combinaison quelconque des deux états propres. Les signaux sont ensuite enregistrés par un oscilloscope de bande passante 500 MHz (modèle LeCroy Wavesurfer 452, 2 GS/s)

2.3.2 Premières observations : laser bi-mode longitudinal

En désaxant correctement l'étalon, on se place dans une situation où le laser oscille sur deux paires de modes longitudinaux adjacents et disposés en quinconce ; ce dont on s'assure via le Fabry-Perot (figure 2.6). L'analyse du laser s'en trouve simplifiée. L'écart de fréquence entre les 2 états propres oscillant sur un même mode longitudinal dépend bien sûr de la biréfringence ajustable intra-cavité. Sur la figure 2.6 l'écart de fréquence vaut $c/4L$ soit la moitié de l'intervalle spectral libre car les deux lames quart-d'onde sont tournées de $\alpha = 45°$ l'une par rapport à l'autre.

3. Par ailleurs, le miroir qui amène le faisceau de pompe sur le milieu actif sert également de diaphragme afin d'éliminer les modes transverses

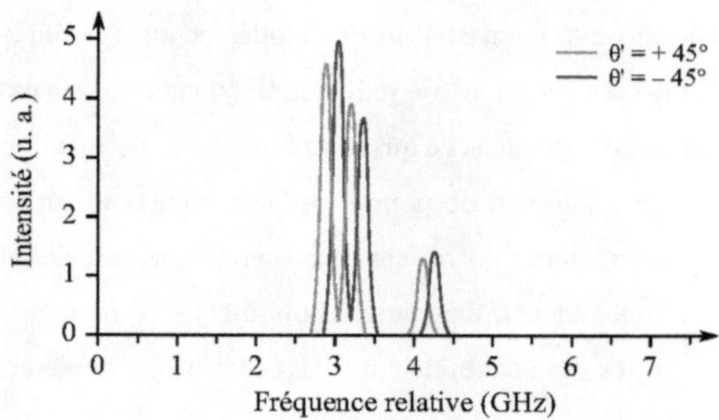

FIGURE 2.6 – Spectre optique du laser bi-polarisation contenant principalement 2 paires de modes longitudinaux adjacents, mesuré par un Fabry-Perot d'intervalle spectral libre 7,5 GHz. L'intervalle spectral libre du laser est $c/2L = 370MHz$.

Sans réglages particuliers du laser, les intensités des deux états propres en sortie de celui-ci sont continues. En ajustant avec un grand soin la longueur de la cavité, ainsi que la position et l'orientation du milieu actif et du faisceau de pompe, on obtient les conditions particulières pour lesquelles le *hole burning* spatial favorise une relation de phase fixe entre les deux paires de modes, comme le montre la figure 2.7.

Comme dans les expériences de TANG [8], chacun des deux états propres a son amplitude modulée avec une périodicité de $2L/c$ = 2,7 ns ; mais la somme des deux états propres est 4L/c-périodique.

Cependant, le taux de modulation de l'intensité fluctue au cours du temps et l'intensité ne s'annule jamais entre deux maxima d'un même état propre, et ce à cause du ou des modes longitudinaux de faibles intensités qui viennent perturber l'oscillation des deux principaux modes longitudinaux (voir figure 2.6).

Ce résultat n'a été obtenu que lorsque les deux lames quart-d'onde sont tournées de $\alpha = 45°$ l'une par rapport à l'autre (et donc avec la fréquence maximale de battement $c/4L$, comme lorsque le laser ne contient qu'une seule lame quart-d'onde, *cf.* l'expérience de TANG). Lorsqu'on s'écarte de cette situation, le verrouillage de mode devient beaucoup plus instable.

2.3.3 Régime bi-polarisation multimode

Ce premier résultat encourageant montre que dans les lasers à état solide aussi, le couplage des deux états propres via le gain favorise l'oscillation en opposition de phase des deux états

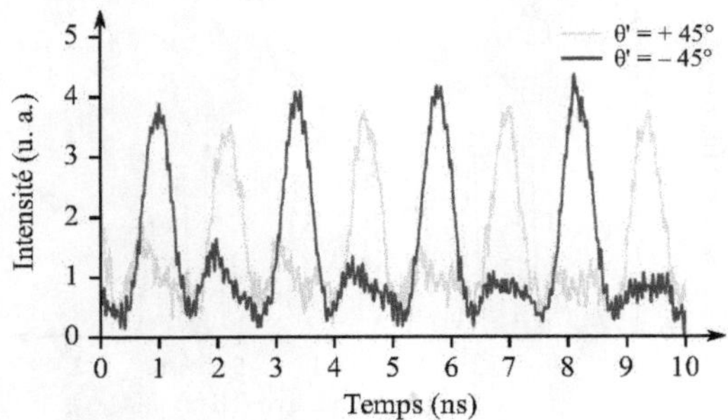

FIGURE 2.7 – Modulation d'amplitude en quinconce sur les deux états propres du laser.

propres et l'oscillation en phase des modes longitudinaux sur chaque état propre, bien que cette relation de phase soit difficile à conserver expérimentalement. Nous allons maintenant essayer d'étendre ce résultat à l'oscillation simultanée d'un plus grand nombre de modes longitudinaux.

Afin d'augmenter le gain et ainsi le nombre de modes longitudinaux susceptibles d'osciller, on a rajouté une seconde diode de pompe disposée de manière symétrique à la première, en prenant garde à ce que les deux diodes ne s'injectent pas mutuellement, ce qui les endommagerait. La puissance de pompage utile passe alors de 1 W à 2 W (en prenant en compte les transmissions des lentilles de collimation/focalisation et en mesurant la puissance de pompe non-absorbée). Pour la même raison, on a également enlevé la lame étalon.

La puissance de sortie du laser est alors de 120 mW, et son spectre, figuré en 2.8, contient maintenant 8 pics stables répartis sur les 2 états propres, ainsi que plusieurs pics moins intenses et moins stables, dont la position varie. Comme précédemment, on remarque qu'on n'a pas ici une série continue de modes disposés en quinconce. Au contraire, les modes d'un même état propre sont séparés par 1 à 4 intervalle spectral libre, quelque soit les efforts faits pour optimiser le laser.

Malgré cela, comme le montre la figure 2.9, non seulement une relation de phase persiste entre les modes longitudinaux, mais de plus le taux de modulation a augmenté tandis que la durée des impulsions a diminué de moitié. À nouveau, les intensités des deux états propres sont modulées en opposition de phase.

Le fait que l'intensité soit alternativement maximale sur un état propre puis sur l'autre indique que l'état de polarisation en sortie du laser bascule d'impulsion à l'autre. Par ailleurs dans tous les cas, le signal temporel a la même périodicité $2L/c$ (figures 2.7 et 2.9), ce qui

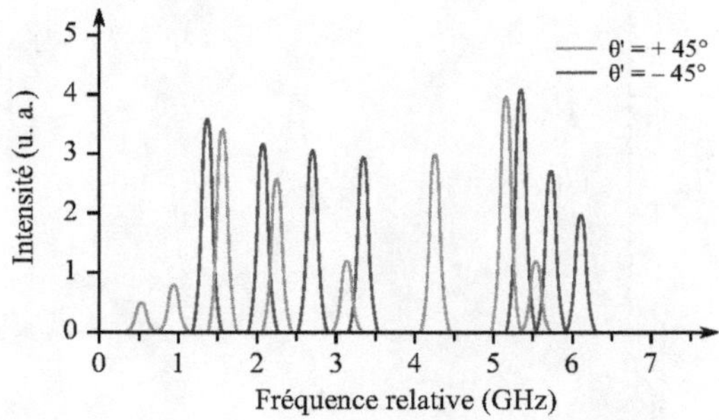

FIGURE 2.8 – Spectre optique du laser bi-polarisation contenant principalement 4×2 modes stables et intenses, mais disposés de manière irrégulière sur les 2 états propres. Ils sont accompagnés de modes moins intenses et dont la position varie au cours du temps.

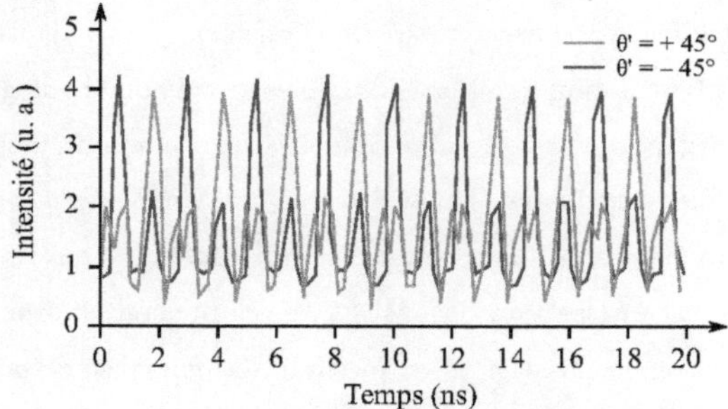

FIGURE 2.9 – Modulation quasi-impulsionnelle d'amplitude en quinconce sur les deux états propres du laser.

signifie que la polarisation est modulée à la fréquence $c/2L$.

Pour obtenir le verrouillage de modes, nous avons utilisé une seule lame quart-d'onde, légèrement tiltée afin de compenser la biréfringence résiduelle du Nd:YAG. Les résultats furent identiques, mais le fait de tilter la lame quart-d'onde nuit à l'équilibre entre les deux états propres. De plus, le réglage de la biréfringence par deux lames quart-d'onde est bien plus facile.

2.4 Discussion

Nous avons montré que dans les lasers à état solide, le couplage non-linéaire des modes par le gain peut provoquer une sorte de verrouillage des modes, via le *hole burning* spatial qui influence leur compétition pour le gain. La condition en est que les fréquences des deux états propres doivent être séparées de la moitié de l'intervalle spectral libre, si bien que les deux états propres oscillent en opposition de phase. Dans le même temps cependant, le *hole burning* spatial gêne l'oscillation simultanée sur des modes longitudinaux adjacents, et empêche d'obtenir un verrouillage de mode stable avec plus de quelques modes longitudinaux. De plus, le temps caractéristique de l'inversion de population ($\tau = 230\mu s$ pour le Nd:YAG), est trop lent pour coupler efficacement les modes propres. Par ailleurs, le couplage est plus important entre les modes de fréquences proches. En conséquence, le battement entre les deux états propres est dégradé, instable sur une longue période, si plusieurs modes d'un même état propre sont séparés par plus d'un intervalle spectral libre. Pour verrouiller en phase un plus grand nombre de modes dans un laser solide bi-polarisation, il faut ajouter au laser un mécanisme capable de coupler des modes fréquentiellement éloignés (c'est à dire un temps de réponse plus rapide) avec une bonne efficacité. C'est l'objet du prochain chapitre.

Chapitre 3

Verrouillage passif de modes sur les 2 états propres d'un laser Nd:YAG avec SESAM

Dans le chapitre, nous allons remplacer le miroir de sortie par un miroir semi-conducteur à réflectivité saturable (en anglais, *semiconductor saturable absorber miror*, SESAM), bien connu pour être capable de provoquer le verrouillage de modes dans de nombreux types de laser et de milieux actifs [93] et en particulier dans le Nd:YAG [94]. Nous verrons alors si l'analyse modale par les matrices de Jones rend toujours compte de la dynamique de polarisation du laser lorsque de nombreux modes oscillent en phase sur les deux états propres, sujet jamais étudié jusqu'à présent.

Nous commencerons ce chapitre par rappeler les propriétés et le mode de fonctionnement des SESAMs. Puis nous détaillerons la réalisation du laser qui demande de tenir compte des contraintes critiques qu'impose le fonctionnement du SESAM. Enfin nous étudierons en détail la dynamique du laser vectoriel en verrouillage de mode, et la comparerons aux résultats de l'analyse par les matrices de Jones.

3.1 Conception du laser

3.1.1 Rappels sur les propriétés du SESAM

Pour provoquer le verrouillage de modes dans un laser en l'absence d'une non-linéarité de type lentille Kerr, on utilise généralement un absorbant saturable [93] dont la durée vie de l'inversion de population est très courte (de quelques pico- à quelques femto-secondes). Cependant ces temps de réponse ultra-courts sont généralement incompatibles avec les fortes puissances crêtes que produisent les lasers en verrouillage de modes (de quelques Watts à quelques dizaines de Giga-watts). Les SESAMs parviennent cependant à combiner temps de réponse ultra-courts et tolérance aux fortes puissances. Pour ce faire, l'absorbant saturable est inclu dans le coupleur de sortie du laser, piégé entre deux miroirs de Bragg. De cette manière, seule une infime portion du champ intra-cavité vient saturer l'absorbant.

Structure et fonctionnement d'un SESAM

La figure 3.1 montre la structure interne du SESAM que nous utiliserons dans ce chapitre. L'absorbant saturable qui constitue l'élément actif des SESAMs fonctionnant à 1μm est un ilot quantique (ou un groupe d'ilots) d'InGaAs piégé entre deux miroirs de Bragg constitués de paires AlAs/GaAs et SiO_2/TiO_2. Le ou les ilots quantiques sont placés aux nœuds du miroirs de Bragg, en position "anti-résonnante". L'ensemble est déposé sur un substrat de GaAs, lui-même collé sur un radiateur de cuivre. Le radiateur sert à dissiper rapidement la chaleur accumulée au sein des ilots quantiques par absorption. Cette précaution est nécessaire car le gap de l'InGaAs, et donc son efficacité d'absorption, dépend de la température. De plus, les importantes densités de puissance à la surface peuvent également se traduire par une courbure négative du SESAM, qui nuit à la stabilité du résonateur [95].

Les principales caractéristiques du SESAM sont son temps de saturation $\tau_{sat} \approx 5$ fs, directement lié à la composition des ilots quantiques, sa profondeur de modulation en réflectivité ΔR, liée à la fois aux ilots et au miroir de Bragg supérieur (TiO_2/SiO_2). La réflectivité globale du SESAM augmente de cette quantité ΔR lorsque le SESAM est saturé si bien que le facteur de qualité du résonateur laser augmente avec l'intensité incidente. Le temps de réponse ultra-court du SESAM permet ainsi de favoriser l'oscillation des modes longitudinaux qui interfèrent constructivement sur le SESAM. Petit à petit, une relation de phase globale s'établit entre tous

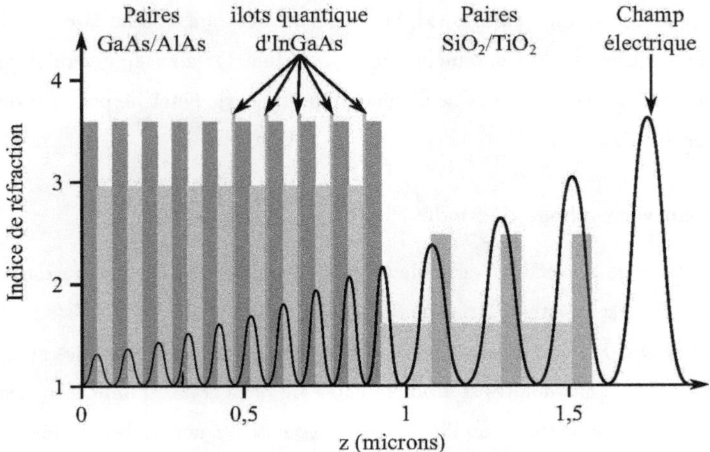

FIGURE 3.1 – Schéma en coupe du SESAM composé de deux miroirs de Bragg GaAs/AlAs et TiO_2/SiO_2, ainsi que de plusieurs ilots quantiques d'InGaAs insérés aux noeuds du champ dans le miroir GaAs/AlAs

les modes oscillants, c'est le verrouillage de modes. La mise en phase des modes est d'autant plus rapide que la profondeur de modulation du SESAM est importante. Cela permet au verrouillage de démarrer de lui-même pour des valeurs de $\Delta R > 10^{-3}$. Cependant, la profondeur de modulation correspond à l'absorption saturable du SESAM, qui s'accompagne d'une absorption non-saturable, de même ordre de grandeur, qui est source de perte et de chaleur dans le SESAM.

Le verrouillage de mode ne s'obtient qu'en saturant complètement l'absorption des ilots, ce qui nécessite une fluence minimale F_{sat} incidente sur le SESAM. Pour les SESAMs anti-résonnants et de haute-finesse fonctionnant à 1 micron, la valeur typique est $F_{sat} \approx 60\mu J/cm^2$. Pour obtenir cette fluence, il est nécessaire que le *waist* du faisceau laser soit minimal sur le SESAM (typiquement de l'ordre de quelques longueur d'onde).

Si les caractéristiques et le fonctionnement scalaire des SESAMs sont aujourd'hui bien établis [96], aucune étude ne s'est intéressée à la dépendance en polarisation des paramètres du SESAM. Pourtant, le SESAM est un assemblage monolithique de couches cristallines : ces structures peuvent présenter une biréfringence causée par des contraintes mécaniques exercées lors de leur fabrication ou par le stress thermique en fonctionnement. Pour s'assurer de l'isotropie de la réflectivité non-saturée du SESAM, on l'a éclairé avec un faisceau laser continu dont la polarisation est ajustée au moyen d'un isolateur orientable. On a ainsi pu vérifier que la réflectivité non-saturée ne dépendait pas de manière importante de l'état de polarisation incident : $R_{non-sat} = 98 \pm 0,5\%$.

Instabilité du verrouillage de mode

Dans les lasers de classe B en verrouillage de mode, les oscillations de relaxation sont exacerbées par les forts contrastes d'inversion de population que créent les impulsions qui circulent dans la cavité laser. Par conséquent ces lasers sont particulièrement sensibles aux instabilités Q-switch [97, 98]. Ces instabilités se traduisent par de brefs trains d'impulsions extrêmement intenses séparés par des périodes où l'intensité intra-cavité est non-seulement insuffisante pour saturer le SESAM, mais insuffisante à conserver la mémoire de phase d'un train d'impulsion au suivant. Afin de remédier à ces instabilités, on comprime les fluctuations du gain en le saturant, de telle sorte que l'amplitude des oscillations de relaxation diminue. Au-delà d'un certain seuil de saturation, le SESAM va être capable de rattraper les fluctuations de la puissance intra-cavité dues aux oscillations de relaxation. Ce seuil, appelé seuil de verrouillage [99], différent du seuil d'oscillation laser, s'écrit sous la forme d'une inégalité :

$$P_{out}\frac{L}{w_a w_g} > cT\frac{\pi}{2}\sqrt{F_{sat}F_{sat,g}\Delta R} \tag{3.1}$$

$$P_{out}\frac{L}{w_a w_g} > 13,3 \times 10^6 W/m \tag{3.2}$$

Dans notre montage, on a $P_{out} \approx 100$ mW est la puissance moyenne mesurée en sortie du laser ; $L = 55{,}4$ cm la longueur de la cavité ; w_a et w_g les *waists* du faisceau laser sur le SESAM et dans le milieu actif, respectivement ; $T = 1\%$ la transmission saturée du coupleur de sortie (SESAM) ; $F_{sat} = 0,6$ J/m^2 la fluence de saturation du SESAM ; $F_{sat,g} = 3340$ J/m^2 la fluence de saturation du Nd:YAG ; $\Delta R = 0,4\%$ la profondeur de modulation du SESAM. On a écrit cette inégalité de telle sorte qu'à droite se trouvent les termes constants et à gauche les termes qui dépendent du design du laser. On obtient alors la condition (3.2).

Il est donc clair qu'on a intérêt pour passer le seuil de verrouillage à minimiser les waists sur le SESAM et dans le milieu actif ; et à garder une cavité relativement longue. En supposant que la puissance en sortie du laser est indépendante des autres paramètres, on en déduit une inégalité pour les waists seuls :

$$w_a w_g < 4,1523 \times 10^{-9} m^2 \quad (3.3)$$

3.1.2 Géométrie de la cavité

Le laser que nous avons fabriqué est décrit sur la figure 3.2. La cavité de L = 554 mm de long contient un cristal de Nd:YAG long de l = 6 mm, et 2 lames quart-d'onde. Le miroir du fond par lequel le laser est pompé est directement déposé sur le milieu actif tandis que le coupleur de sortie est un SESAM commercialisé par la société BATOP GmbH (Profondeur de modulation $\Delta R = 0,4\%$, Transmission $T = 1\%$). Deux lentilles, de longueurs focales 25 mm et 15 mm, permettent une focalisation optimale dans le milieu actif et sur le SESAM, où les rayons du faisceau sont 25 μm et 5 μm, respectivement.

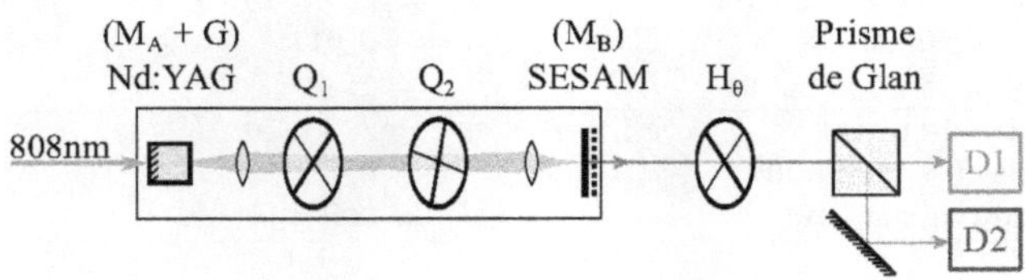

FIGURE 3.2 – Arrangement expérimental du laser et du système de détection.

Stabilité géométrique de la cavité

Pour construire ce laser, nous avons dû prendre en compte la lentille d'indice créée par le faisceau de pompe de 5 W à 808 nm. En effet, supposons que le laser a une symétrie cylindrique autour de z, et considérons l'équation de la chaleur qui à une dimension s'écrit [100] :

$$\frac{dT^2}{dr^2} + \frac{1}{r}\left(\frac{dT}{dr}\right) + \frac{Q(r)}{\bar{K}} = 0 \quad (3.4)$$

Supposons que la température au bord du milieu actif est constante à partir d'une distance r_0 de son centre, le profil de température déduit de l'équation précédente est alors parabolique :

$$T(r) = T(r_0) + \frac{Q(r)}{4\bar{K}}(r_0^2 - r^2) \quad (3.5)$$

Du fait principalement de la dispersion thermique, le milieu actif se comporte comme une lentille épaisse dont la longueur focale f'_T vaut :

$$f'_T = \frac{\bar{K}}{QL}\left(\frac{1}{2}\frac{\delta n}{\delta T} + \alpha C_r n^3 + \frac{\alpha r_0(n-1)}{L}\right)^{-1} \approx 3.4mm, \tag{3.6}$$

calculée avec les paramètres de la littérature [101] et ceux mesurés expérimentalement :

Conductivité thermique	$\bar{K}$	$= 13Wm^{-1}K^{-1}$
Longueur du Nd:YAG	L	$= 6mm$
Rayon effectif du Nd:YAG	r_0	$= 5mm/\sqrt{\pi} = 2,82mm$
Puissance de pompe incidente	$P_{pompe,in}$	$= 5,2W$ (pour $I_{pompe} = 5A$)
Puissance de pompe absorbée [1]	$P_{pompe,abs}$	$= 85\% P_{pompe,in} = 4,42W$
Puissance dissipée thermiquement	$P_{non-rad}$	$= P_{pump,abs}\,(1 - \lambda_{pump}/\lambda_{laser}) = 1,06W$
Chaleur volumique générée	Q	$= P_{non-rad}/(L * \pi r_0^2) = 90\text{W/mm}^3$
Dispersion thermique	$\delta n/\delta T$	$= 7,3 \times 10^{-6}K^{-1}$
Coefficient d'expansion thermique	α	$= 6,9 \times 10^{-6}K^{-1}$
Dispersion radiale du stress	C_r	$= 0,017$
Indice de réfraction à l'ambiante	n	$= 1,82$
Coefficient thermo-optique	$\delta n/2\delta T$	$= 3,7 \times 10^{-6}K^{-1}$
Coefficient de stress thermique	$\alpha C_r n^3$	$= 0,7 \times 10^{-6}K^{-1}$
Effet de bord du milieu actif	$\alpha r_0(n-1)/L$	$= 2,7 \times 10^{-6}K^{-1}$

Calcul détaillé des waists

Couplé au besoin d'avoir des waists aussi petits que possible aux deux extrémités de la cavité, cette lentille thermique impose la structure plan-lentille-lentille-plan. De cette manière, on s'assure que l'on a toujours un waist sur le SESAM, et que le milieu actif contient également un waist du champ laser. Cependant la position de ce second waist dépend de la valeur de la focale associée à la lentille thermique.

À partir du SESAM, le faisceau laser se propage sur un distance d_1, franchit une lentille de focale $f'_S = 15mm$, continue ensuite sur une distance d_2, franchit une seconde lentille $f'_M = 25mm$, puis atteint et finalement traverse le cristal de Nd :YAG (P_n), auquel on adjoint la lentille thermique de focale f_T.

$P_{1,2,3} = \begin{pmatrix} 1 & d_{1,2,3} \\ 0 & 1 \end{pmatrix}$	$L_{S,M,T} = \begin{pmatrix} 1 & 0 \\ -f'^{-1}_{S,M,T} & 1 \end{pmatrix}$	$P_n = \begin{pmatrix} 1 & l/n \\ 0 & 1 \end{pmatrix}$

TABLE 3.1 – Matrices ABCD des éléments de la cavité

La matrice ABCD d'un aller du SESAM (M_B) au miroir coté Nd :YAG (M_A), s'écrit :

$$M_{BA} = \begin{pmatrix} 1 & 0 \\ -1/f_T & 1 \end{pmatrix} \begin{pmatrix} 1 & l/n + d_3 \\ 0 & 1 \end{pmatrix} \begin{pmatrix} 1 & 0 \\ -1/f_M & 1 \end{pmatrix} \begin{pmatrix} 1 & d_2 \\ 0 & 1 \end{pmatrix} \begin{pmatrix} 1 & 0 \\ -1/f_S & 1 \end{pmatrix} \begin{pmatrix} 1 & d_1 \\ 0 & 1 \end{pmatrix} \quad (3.7)$$

Sur le SESAM et sur le miroir déposé sur le Nd :YAG, les rayons de courbures complexes sont $q_A = i\frac{\pi w_A^2}{\lambda}$ et $q_B = i\frac{\pi w_B^2}{\lambda}$, et sont liés par la matrice de transfert M_{BA} : $q_A = \frac{M_{11}q_B + M_{12}}{M_{21}q_B + M_{22}}$

Comme le SESAM et le miroir déposé sur le cristal de Nd :YAG sont plans, on impose que q_A et q_B sont imaginaires purs ($q_A = iQ_A$ et $q_B = iQ_B$) et on obtient que $M_{11}Q_B = M_{22}Q_A$ and $Q_AQ_B = -M_{12}/M_{21}$. On peut alors calculer le rayon et la divergence du faisceau en tout point de la cavité. Il y a toujours 2 solutions pour (w_A, w_B) quelque soit la focale de la lentille thermique ; cependant une seule paire de solution a un sens physique (w_A et w_B réels positifs).

Puisque nous voulons obtenir un faisceau de $5\mu m$ sur le SESAM et de $25\mu m$ dans le Nd :YAG (car le diamètre du faisceau de pompe est $50\mu m$), on en déduit les distances : $d_1 = 15.36mm$, $d_2 = 500mm$, $d_3 = 19mm$. La longueur totale de la cavité est donc : $L = d_1 + d_2 + d_3 + l = 534mm$

3.1.3 États propres

Les axes neutres de la lame quart-d'onde Q_1 sont alignés sur ceux de la biréfringence résiduelle du milieu actif. Les axes neutres de la seconde lame quart-d'onde Q_2, sont tournés d'un angle α par rapport aux axes de Q_1. Comme nous l'avons vu dans le premier chapitre, les états propres sont polarisés linéairement dans le milieu actif et sur le SESAM, et orientés à 45° de la lame quart-d'onde adjacente. Entre les deux lames quart-d'onde, les états propres sont hélicoïdaux. Sur un aller-retour, l'anisotropie induite par les lames quart-d'onde est 4α.

3.2 Modèle

Sur chacun des deux états propres du laser oscille un grand nombre N de modes longitudinaux (typiquement $N = 40$). La projection sur un état propre de chacun de ces modes longitudinaux (indexés par n), peut se décomposer en une amplitude a_n, une fréquence ν_n et une phase phi_n :

$$e_n(t) = a_n \exp(2i\pi\nu_n t + i\phi_n) \tag{3.8}$$

La contribution d'un mode longitudinal au champ total comprend les projections suivant les deux états propres x et y ($x \perp y$) :

$$\vec{E}_n(t) = \begin{bmatrix} A_{n,x} \exp(2i\pi\nu_{n,x}\ t + i\psi_x) \\ A_{n,y} \exp(2i\pi\nu_{n,y}\ t + i\psi_y) \end{bmatrix} \exp(i\varphi_n) \tag{3.9}$$

Les deux états propres peuvent avoir des amplitudes $A_{n,x/y}$, des fréquences $\nu_{n,x/y}$ et des phases $\psi_{x/y}$ différentes, néanmoins on suppose que les pertes et le gain sont isotropes, c'est à dire $A_{n,x} = A_{n,y} = A_n$. On définit également $\Psi = \psi_y - \psi_x$ le déphasage entre les deux projections d'un mode longitudinal, ce qui amène à :

$$\vec{E}_n(t) = A_n \begin{bmatrix} \exp(2i\pi\nu_{n,x}\ t) \\ \exp(2i\pi\nu_{n,y}\ t + i\Psi) \end{bmatrix} \exp(i\varphi_n + i\psi_x) \tag{3.10}$$

Le milieu actif utilisé est un cristal de Nd:YAG dont la dispersion est négligeable sur son étroite bande de gain. On peut donc écrire que l'écart de fréquence $\delta\nu$ entre les deux projections d'un mode longitudinal ne dépend pas du mode longitudinal considéré, autrement dit $\forall n,\ \nu_{y,n} = \nu_{x,n} + \delta\nu$:

$$\vec{E}_n(t) = A_n \exp(2i\pi\nu_{x,n}\ t + i\varphi_n) \begin{bmatrix} 1 \\ \exp(2i\pi\delta\nu\ t + i\Psi) \end{bmatrix} \exp(i\psi_x) \tag{3.11}$$

Le champ total du laser est la superposition des N modes longitudinaux oscillant en phase ; il forme un double peigne de modes schématisé sur la figure 3.3(a). On suppose que les phases φ_n sont égales et constantes au cours du temps, si bien que l'interférence de tous les modes produit un signal pulsé, qu'on peut écrire :

$$\vec{\mathfrak{E}}(t) = \begin{bmatrix} 1 \\ \exp(2i\pi\delta\nu\ t + i\Psi) \end{bmatrix} \exp(i\psi_x) \sum_{n=1}^{N} A_n \exp(2i\pi\nu_{x,n}\ t + i\varphi_n) \tag{3.12}$$

L'hypothèse d'une dispersion négligeable nous permet également d'écrire que l'écart entre les *dents* du peigne de fréquence est régulier, c'est à dire $\nu_{x,n} = \nu_0 + n\ f_{rep}$, et le champ s'écrit

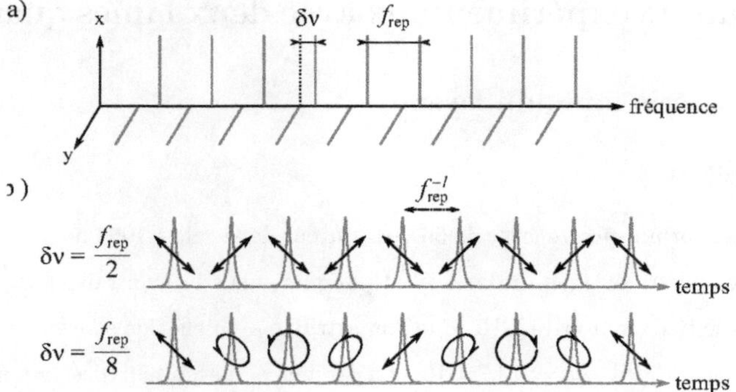

FIGURE 3.3 – (a) Schéma représentant le double peigne de fréquence. (b) Représentation de séquences de polarisation émises par le laser lorsque $\delta\nu = f_{rep}/2$ et $\delta\nu = f_{rep}/8$.

alors :

$$\vec{\mathfrak{E}}(t) = \begin{bmatrix} 1 \\ \exp(2i\pi\delta\nu\ t + i\Psi) \end{bmatrix} \exp(2i\pi\nu_0\ t + i\psi_x) \sum_{n=1}^{N} A_n \exp(2i\pi n f_{rep}\ t + i\varphi_n) \tag{3.13}$$

On remarque que le champ total est une somme de fonctions f_{rep}^{-1}–périodique, donc le champ lui-même est une fonction f_{rep}^{-1}–périodique. Pour décrire temporellement l'allure du champ, il suffit donc de connaitre son amplitude complexe $A(t)$ sur un intervalle $t \in [0; 1/f_{rep}[$, et le champ total est alors la sommation sur les $p \in \mathbb{Z}$ de la fonction A décalée temporellement de p périodes :

$$\vec{\mathfrak{E}}(t) = \begin{bmatrix} 1 \\ \exp(2i\pi\delta\nu\ t + i\Psi) \end{bmatrix} \exp(2i\pi\nu_0\ t + i\psi_x + i\varphi_0) \sum_{p} A(t - p/f_{rep}) \tag{3.14}$$

Où φ_0 est l'argument de la fonction $A(t)$ moyenné sur l'intervalle $[0; 1 + f_{rep}[$, et exprime le déphasage de l'enveloppe du champ A par rapport à l'onde porteuse de fréquence ν_0. De plus, on peut grouper les termes φ_0 et ψ_x dans un unique terme $\varphi_{CE} = \psi_x + \varphi_0$ qui est le déphasage *relatif* de l'enveloppe vis-à-vis de la porteuse (en anglais "CE" pour *carrier-to-envelop*). Le déphasage φ_{CE} est ici qualifié de relatif car il dépend de l'état propre considéré (on aurait pu le définir par rapport à ϕ_y).

3.3 Résultats expérimentaux avec deux lames quart-d'onde

3.3.1 Caractéristiques du laser

Spectre optique

Le laser émet sur un spectre large de 60 GHz autour de la raie à 1064 nm. Comme le montre la figure 3.4, le spectre optique du laser n'est pas plat, mais au contraire fortement déformé, avec une périodicité d'environ 15 GHz, que l'on attribue à un effet de sous-cavité (effet *étalon*) du milieu actif car $c/2n_{YAG}l$ = 13,7 GHz. La largeur à mi-hauteur des impulsions est plus courte que 20 ps [2] et la puissance de sortie du laser est de 35 mW (pour 6 W de puissance de pompe).

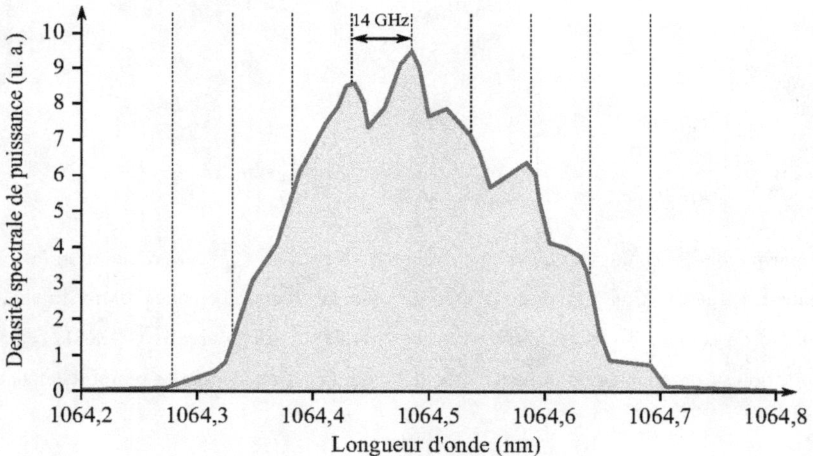

FIGURE 3.4 – Spectre optique du laser autour de la raie à 1064 nm.

Séquences de polarisation

Comme toutes les interfaces de la cavité sont prises à incidence normale, l'état de polarisation des états propres est seulement déterminé par les deux lames quart-d'onde ainsi que la biréfringence résiduelle du milieu actif, comme nous l'avons vu dans le premier chapitre.

2. La mesure de la largeur d'impulsion est limitée par la bande passante effective de notre oscilloscope

En supposant que le laser oscille sur deux peignes de fréquences associés aux deux états propres, on s'attend à ce que ces peignes soient décalés de $\delta\nu = 2\alpha/\pi \times c/2L$ l'un par rapport à l'autre, tel que schématisé sur la figure 3.3. Le champ électrique total en sortie du laser s'écrit alors, dans la base des états propres $(\hat{x}, \hat{y})$,

$$\begin{bmatrix} E_x(t) \\ E_y(t) \end{bmatrix} = e^{i2\pi\nu_x t} \begin{bmatrix} 1 \\ e^{i(2\pi\delta\nu t+\psi)} \end{bmatrix} \sum_p A(t - p/f_{rep}) \tag{3.15}$$

Ici ν_x est la fréquence optique du peigne polarisé suivant $\hat{x}$; ψ est le déphasage relatif global entre les deux états propres ; $A(t)$ est l'enveloppe des impulsions et $f_{rep} = c/2L$ est la cadence de répétition du train d'impulsion (et aussi l'intervalle spectral libre du laser). À partir de l'équation (3.15), le vecteur de Jones $\vec{J_p}$ de la p-ième impulsion du train, localisée temporellement à $t = p/f_{rep}$, est donné par

$$\vec{J_p} = \frac{1}{\sqrt{2}} \begin{bmatrix} 1 \\ \exp\left(i\left(2\pi p \frac{\delta\nu}{f_{rep}} + \psi\right)\right) \end{bmatrix} \tag{3.16}$$

L'équation 3.16 indique que l'état de polarisation varie d'une impulsion à l'autre, formant des séquences de polarisation dépendantes de $\delta\nu$ et de ψ. Sans perte de généralité, on suppose pour l'instant que $\psi = 0$ (nous reviendrons sur cette hypothèse dans la section suivante). Deux séquences de polarisation pour $\delta\nu = f_{rep}/2$ et $\delta\nu = f_{rep}/8$ sont donnés en exemple sur la figure 3.3.

— Dans le cas $\delta\nu = f_{rep}/2$, qui sera discuté plus loin, on a en sortie du laser une succession d'impulsions linéairement polarisées et orientées à $\pm 45°$ des axes $\hat{x}$ et $\hat{y}$.

— Pour $\delta\nu = f_{rep}/8$, le train est formé d'impulsions polarisées elliptiquement et dont l'ellipticité varie graduellement d'une impulsion à la suivante, ce qui illustre comment le train d'impulsion échantillonne et discrétise l'évolution de la polarisation (en supposant que la largeur des impulsions est très petite devant la durée entre deux impulsions, et que l'on peut faire l'approximation que $A(t)$ est une fonction δ de Dirac). La longueur de la séquence de polarisation ainsi générée est $1/\delta\nu$.

Pour vérifier nos hypothèses et les prédictions qui en découlent, on enregistre la sortie du laser pour différentes valeurs de l'orientation relative α des deux lames quart-d'onde intra-cavité. Pour ce faire, on utilise la plateforme de détection utilisée dans le précédent chapitre et figurée en 3.2.

Dans les séries temporelles de la figure 3.5, sont montrés les battements $||E_x + E_y||^2$ (en rouge), et $||E_x - E_y||^2$ (en bleu) pour trois valeurs croissantes de $\delta\nu$. Sur la figure 3.5(a), on a pris $\alpha \approx 0$ ce qui correspond à $\delta\nu \approx 0$: dans ce cas, l'état de polarisation des impulsions est constant le long du train, avec un taux de répétition $f_{rep} = 271$ MHz ($f_{rep}^{-1} = 3.7$ ns). Sur la figure 3.5(b), on a pris $\alpha = \pi/8$, c'est à dire $\delta\nu = f_{rep}/4$: le train d'impulsions est une séquence de polarisation linéaires et circulaires (successivement linéaire à +45°, circulaire gauche, linéaire à −45°, circulaire droite, et ainsi de suite). Enfin, on a pris $\alpha = 7/30 \times \pi$, i.e. $\delta\nu = 7/15 \times f_{rep}$. Comme $\delta\nu$ est proche de son plafond $f_{rep}/2$, l'ellipticité des impulsions évolue lentement tel que montré sur la figure 3.5(c).

Tous ces chronogrammes sont en parfait accord avec les équations (3.15–3.16). On a vérifié expérimentalement, quand D_1 et D_2 mesurent les deux états propres $\|E_x\|^2$ et $\|E_y\|^2$ séparément, que les trains d'impulsions sont émis de manière synchrone par les deux états propres, quelle que soit la valeur de $\delta\nu$, et malgré la différence de chemin optique. Cet effet peut être attribué au SESAM qui compense par une rapide variation de son indice la différence des vitesses de groupe associées aux deux états propres.

Accrochage des deux peignes de modes à $\delta\nu = f_{rep}/2$

Nous nous intéressons maintenant au cas particulier où $\delta\nu$ s'approche de $f_{rep}/2$. Un accrochage de phase stable, et généralisé à l'ensemble des modes longitudinaux, est observé pour les valeurs de $\delta\nu$ comprises dans l'intervalle $f_{rep}/2 \pm 30$ kHz. Pour mettre en évidence ce comportement, on enregistre le spectre du battement $\|E_x + E_y\|^2$ rapporté sur la figure 3.6. Quand $\delta\nu$ est en dehors de la plage d'accrochage, on obtient deux pics d'intensité autour de $f_{rep}/2$ (voir Fig. 3.6(a) sur un intervalle de 2 MHz). Lorsque $\delta\nu$ entre dans la page d'accrochage, ces deux pics fusionnent en un seul (figure 3.6(b)). Alors, un intervalle d'analyse plus grand (2 GHz) montre un peigne de fréquence avec une parfaite périodicité $f_{rep}/2$ (Fig. 3.6(c)).

Les pics d'intensité dont la fréquence est égale à $nf_{rep}, n \in \mathbb{N}$, sont les fréquences usuelles de battement entre les différents modes longitudinaux d'un même état propre. En revanche, les pics dont les fréquences sont égales à $(n + 1/2)f_{rep}$ correspondent aux battements de modes

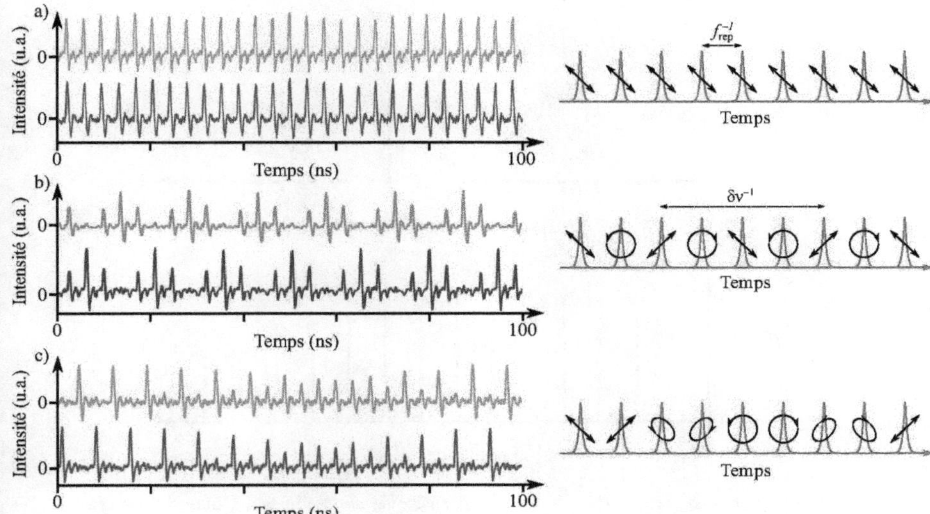

FIGURE 3.5 – Trains d'impulsions obtenus en faisant interférer les deux états propres : $||E_x + E_y||^2$ (en rouge), et $||E_x - E_y||^2$ (en bleu), pour (a) $\delta\nu \approx 0$, (b) $\delta\nu = f_{rep}/4$, et (c) $\delta\nu = 7/15\ f_{rep}$. À droite de chaque chronogramme figure un schéma de la séquence de polarisation correspondante.

associés aux deux états propres. La stabilité globale[3] du spectre dans son ensemble confirme le verrouillage du double-peigne.

Il est important de noter que la largeur à mi-hauteur mesurée du pic à $f_{rep}/2$ est de 10 Hz, aussi étroite que le pic à f_{rep}, ce qui signifie que le verrouillage des deux peignes est d'aussi grande qualité que le verrouillage des modes longitudinaux au sein de chaque peigne. On suspecte l'accrochage des deux peignes en phase, pour $\delta\nu = f_{rep}/2$, d'être dû à un couplage non-linéaire par mélange à 4 ondes, tel que déjà observé dans les lasers bi-polarisation en régime continu multimode [102]. Un accrochage de phase similaire a également été observé pour $\delta\nu = f_{rep}/3$, mais avec une plage d'accrochage réduite ($\leq$ 10 kHz). Il faut noter que les deux lames quart-d'onde sont nécessaires pour observer cet accrochage à $f_{rep}/2$, bien qu'en théorie une seule lame quart-d'onde soit nécessaire. En effet, la biréfringence du milieu actif n'est plus négligeable dans cette situation.

3. Les dents du peigne de fréquence ne fluctuent ni en intensité ni en fréquence pendant plusieurs minutes.

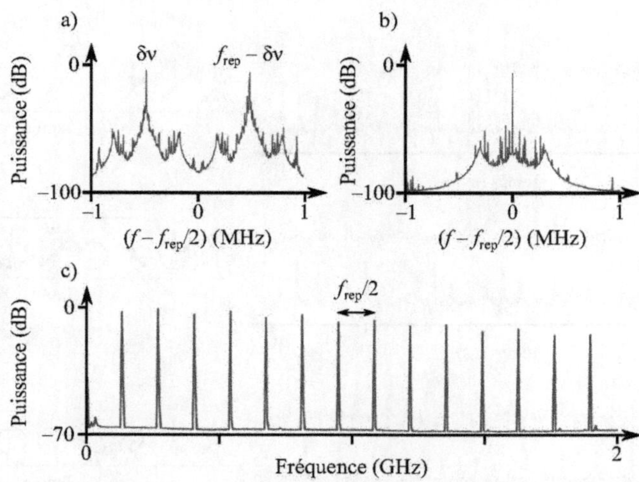

FIGURE 3.6 – Spectre expérimental (FFT) de l'intensité en sortie du laser, quand $\delta\nu \approx f_{rep}/2$. (a) $\delta\nu$ en dehors de la plage d'accrochage. (b) $\delta\nu$ à l'intérieur de la page d'accrochage, et (c) spectre $f_{rep}/2$-périodique correspondant.

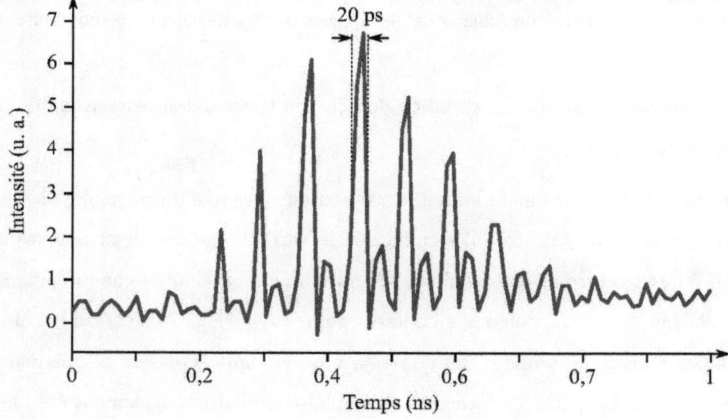

FIGURE 3.7 – Impulsion émise par le laser bi-polarisation en verrouillage de mode.

Effet d'étalon du milieu actif

Lorsqu'on mesure une impulsion unique au moyen d'une chaine de détection ultra-rapide (photodiode et oscilloscope de bande passante 45 GHz), on s'aperçoit que chaque impulsion est en fait constituée d'une impulsion principale et d'impulsions satellites dues à l'effet d'étalon du

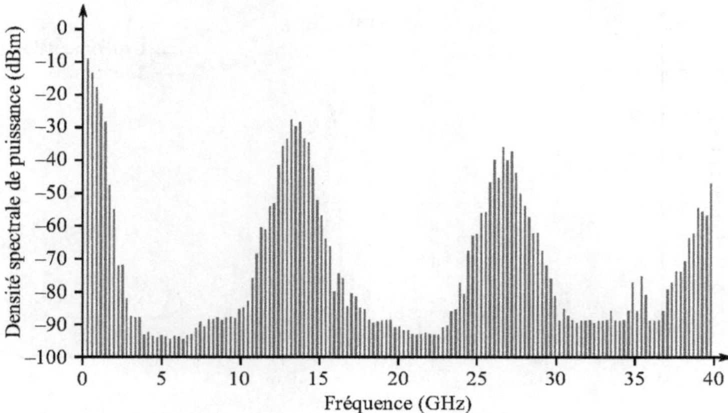

FIGURE 3.8 – Peigne de modes espacés de $f_{rep} = 270$ MHz sur le spectre électrique de battement.

milieu actif (voir la figure 3.7).

En effet, si on mesure le spectre électrique sur une plage de fréquence de 40 GHz (contre 2 GHz dans la figure 3.6), on se rend compte que le peigne de mode n'est pas régulier en intensité, mais au contraire composé de plusieurs "paquets de modes" espacés de $F_P = 13{,}1$ GHz. Pour expliquer la forme des impulsions, on peut donc reporter cette variation d'intensité des dents du peigne dans l'équation (3.15). En première approximation, on peut écrire que seule une fraction $x \in [0;1]$ des modes oscillent avec une amplitude régulière, tandis que les autres modes sont éteints (amplitude nulle). L'amplitude du p-ième mode longitudinal est alors :

$$A_n = A \ \ si \ n f_{rep}/F_P \leq x + \lfloor n f_{rep}/F_P \rfloor \tag{3.17}$$

$$A_n = 0 \ \ sinon \tag{3.18}$$

Sur la figure (3.9), on a superposé à la trace temporelle expérimentale d'une impulsion, la trace temporelle calculée par transformée de Fourier inverse d'un peigne de fréquence modulé en intensité en suivant l'équation (3.17). Le meilleur accord entre modèle et expérience est obtenu pour $x = 0,22$, ce qui correspond assez bien à la taille des paquets de mode observée sur la figure (3.8). La durée d'une impulsion (20 ps) comme la durée de la *rafale* d'impulsions (180 ps) sont bien retrouvées par la simulation.

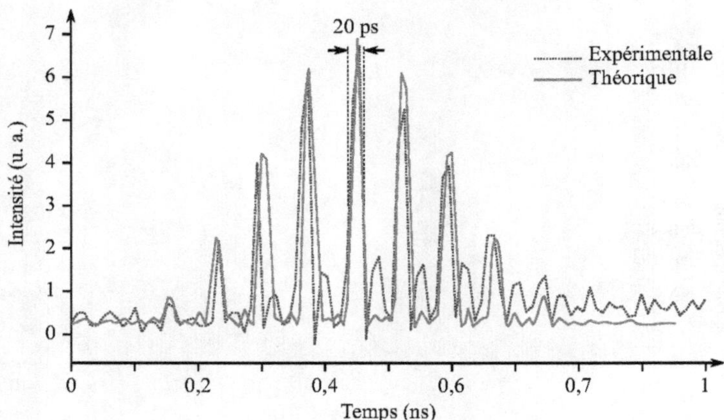

FIGURE 3.9 – Ajustement théorique de la forme des impulsions grâce à une modulation du spectre correspondant à un effet d'étalon du milieu actif.

3.3.2 Accrochage à $f_{rep}/2$ et rôle de la phase Ψ

Revenons au cas où les deux peignes de modes sont accrochés à $\delta\nu$: $f_{rep}/2$ et intéressons-nous maintenant à une propriété particulière de la dynamique du laser au sein de cette plage d'accrochage. Quand $\delta\nu = f_{rep}/2$, l'équation (3.16) se simplifie en :

$$\vec{J}_p = \frac{1}{\sqrt{2}} \begin{bmatrix} 1 \\ (-1)^p \exp(i\psi) \end{bmatrix} \tag{3.19}$$

Cette équation montre que ψ gouverne l'évolution de l'état de polarisation au sein du train d'impulsions. Par exemple, quand $\psi = 0$, on obtient en sortie du laser une alternance d'impulsions polarisées à $\pm 45°$ des états propres comme sur la figure 3.3(c). Si on définit $\psi = \pi/2$, on obtient cette fois une alternance d'impulsions circulaires dont la latéralité est successivement droite et gauche.

Expérimentalement, on s'est rendu compte que ψ pouvait être modifié de manière reproductible en déplaçant de quelques microns (c'est à dire de quelques longueurs d'onde), le SESAM le long de l'axe de la cavité ($\hat{z}$). Pour le déplacer, on l'a fixé à une cale piézoélectrique[4] d'extension 10 microns sous une tension variant de 0 à 1 kV. La figure 3.10 montre l'allure temporelle du

4. Cale piézo-électrique commercialisée par PI sous la référence PI-010.10H

battement des états propres lorsque $\delta\nu$ est verrouillé sur $f_{rep}/2$, pour deux valeurs distinctes de ψ.

En utilisant l'équation (3.19), on se rend compte que ψ peut être mesuré expérimentalement à partir du "taux de modulation" de la puissance crête des impulsions. Les figures 3.10(a) et (b) dépeignent les cas $\psi = 0$ et $\psi = 0.39$ rad, respectivement. Pour toutes les valeurs de ψ, nous avons pris soin de vérifier que le spectre du laser demeurait identique à la figure 3.6(c).

En outre, notons que l'équation (3.19) prédit que deux impulsions successives portent toujours des polarisations orthogonales, c'est à dire $J_p \cdot J_{p+1}^* = 0$. Nous avons vérifié expérimentalement ce point pour les différentes valeurs de ψ. Cela met en relief que ce verrouillage de phase est d'un genre différent du verrouillage de polarisation dans les lasers solitoniques, qui lui amène à un état constant de polarisation des impulsions [103].

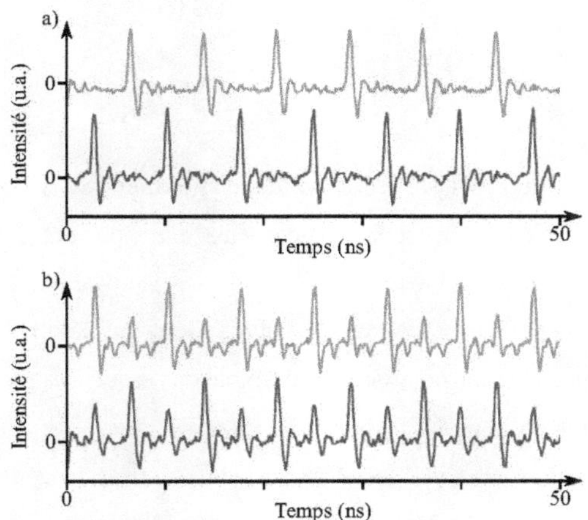

FIGURE 3.10 – Observation expérimentale du battement des états propres $||E_x + E_y||^2$ (en rouge), et $||E_x - E_y||^2$ (en bleu), lorsque le décalage $\delta\nu$ des deux peignes de fréquence est verrouillé sur $f_{rep}/2$. (a) $\Psi = 0$ and (b) $\Psi = 0.39\ rad$.

3.3.3 Accrochage à $f_{rep}/2$ avec une seule lame quart-d'onde

Lorsqu'on n'a pas besoin de l'accordabilité en fréquence permise par les deux quart-d'onde, on peut obtenir la fréquence de battement $\delta\nu = f_{rep}/2$ avec une seule lame quart-d'onde. On s'est donc demandé si cet accrochage des deux peignes de fréquences se produisait également avec une seule quart-d'onde. Nous avons donc enlevé l'une des deux lames quart-d'onde de la cavité précédente, la quart-d'onde restante étant orientée à $\approx 45°$ des axes du milieu actif[5] : nous retrouvons un régime de verrouillage de mode continu sur les deux états propres. Par ailleurs, à cause de la biréfringence résiduelle du milieu actif, l'écart de fréquence $\delta\nu$ pour $\alpha = 45°$ n'est pas tout à fait égal à $f_{rep}/2$. Toutefois, en ajustant l'orientation de la lame quart-d'onde, on peut faire varier cet écart $\delta\nu$ dans l'intervalle $f_{rep}/2 \pm 4$ MHz.

On observe alors le même phénomène d'accrochage qu'avec les deux quart-d'onde ; et la largeur plage d'accrochage est de 50 kHz, ce qui est proche de la valeur trouvée pour deux quart-d'onde (30 kHz). Lorsque l'écart de fréquence entre les deux peignes est accroché sur $f_{rep}/2$, on obtient les mêmes trains d'impulsions que ceux montrés dans la figure 3.10.

Cette expérience et les mesures associées ont été réalisées dans le cadre du stage d'Anasthase Liméry [104].

3.4 Discussions

Nous avons réalisé le premier laser à état solide fonctionnant en verrouillage de mode pulsé et bi-polarisation. Les deux peignes de fréquences émis sont polarisés orthogonalement et leur fréquences sont indépendantes, si bien qu'en sortie du laser, on observe un train d'impulsions formant des séquences contrôlables d'états de polarisation, qui résulte de l'interférence entre les deux peignes orthogonalement polarisés. L'ensemble des séquences productibles peut encore être étendu en ajoutant en sortie du laser, par exemple, une lame quart-d'onde orientés à 45° des états propres du laser : ainsi, les séquences de polarisation générées sont uniquement constituées d'impulsions polarisées linéairement, mais dont l'orientation est incrémentées d'un certain angle à chaque impulsion.

Cette expérience est à rapprocher des travaux de CUNDIFF *et al.* [64] ainsi que ceux de ZHAO *et al.* [70]. En effet, ils ont observé, dans des lasers à fibre en verrouillage de modes, des impulsions dont l'état de polarisation peut ou bien être fixe ou bien varier régulièrement, le paramètre de contrôle étant comme pour nous la biréfringence intra-cavité ; les verrouillages de la polarisation des impulsions qu'ils ont observés se produisent lorsque la biréfringence intra-cavité est une fraction de π (en radians), comme pour le verrouillage de fréquence dont nous

5. Dans cette configuration, les deux états propres voient le même gain, ce qui favorise l'oscillation simultanée des deux états propres (cf. le premier chapitre)

venons de parler. Toutefois, ces expériences dans les lasers à fibre diffèrent des nôtres dans le laser à état solide. Tout d'abord, notre centre d'intérêt est ici le verrouillage de la fréquence de battement et non le verrouillage de l'état de polarisation des impulsions. Une autre différence fondamentale est que, (i) notre laser ne fonctionne pas en régime solitonique ; (ii) les anisotropies peuvent être considérées comme ponctuelles et statiques ; (iii) et les dispersions chromatiques sont négligeables vis-à-vis de la faible largeur du spectre de notre laser : ces trois particularités nous ont permis de décrire complètement le champ du laser (état de polarisation et fréquence). De ce fait, nous avons pu séparer la dynamique de polarisation de la dynamique temporelle. Par ailleurs, on peut se demander dans quelle mesure le verrouillage de polarisation observé dans les lasers à fibre est la conséquence de la stabilisation de la fréquence relative des deux composantes orthogonales du champ.

Conclusion de la première partie

Nous avons montré dans cette première partie qu'un battement stable entre les deux états propres d'un laser solide pouvait être obtenu même lorsque plusieurs modes longitudinaux oscillent simultanément. Nous avons montré expérimentalement que ce verrouillage peut-être obtenu par le gain seul grâce au *hole burning* spatial, mais pour quelques modes seulement. En déléguant le verrouillage à un absorbant saturable (SESAM), on provoque un verrouillage de mode bi-polarisation qui n'est plus limité que par la largeur de la bande de gain.

L'analyse des états propres de polarisation par les matrices de Jones décrit complètement la dynamique des lasers solides en continu ou impulsionnel. Toutefois en régime de verrouillage de mode, le train d'impulsion discrétise temporellement l'état de polarisation, qui suit alors un modèle "Jones séquentiel". La polarisation en sortie du laser évolue alors avec deux échelles de temps : la cadence de répétition du train d'impulsions et l'inverse de la fréquence de battement entre les deux états propres. L'enchevêtrement de ces deux temps caractéristiques permet la formation de séquences de polarisation variées, et permet d'imaginer des utilisations intéressantes (par exemple lorsque les deux échelles de temps sont incommensurables, ce qui produirait une séquence d'impulsions dont la polarisation n'est jamais deux fois la même).

Par ailleurs, quand la fréquence de battement entre les deux états propres est une fraction du taux de répétition, on a observé que les deux états propres, bien que chacun soit composé de plusieurs oscillateurs, pouvaient s'accrocher comme si le laser ne contenait plus qu'un seul super-oscillateur impulsionnel et vectoriel. Un tel accrochage de phase généralisé n'avait jamais été observé dans un laser solide bi-polarisation, et il serait intéressant de voir si ce résultat peut être étendu. En particulier, on peut se demander ce que devient cet accrochage lorsque le battement est synchronisé par un oscillateur externe [105].

Avant d'étudier cette configuration, revenons au cas d'un laser bi-polarisation pour étudier la dynamique d'accrochage du battement sur un oscillateur externe.

Deuxième partie

Synchronisation du battement d'un laser bifréquence continu ou pulsé par réinjection optique

Introduction de la seconde partie

Nous avons vu dans la partie précédente que l'oscillation simultanée de plusieurs modes longitudinaux associés aux états propres donnait lieu à des processus originaux d'accrochage de phase dans les lasers vectoriels. Dans notre cas, cet accrochage était gouverné par la dynamique non-linéaire de l'absorbant saturable (SESAM).

Dans le cas d'un laser bi-mode, il n'est pas possible de coupler les phases des deux modes *via* les non-linéarités du milieu actif. Par contre, des processus d'accrochage se produisent lorsqu'une partie de l'intensité d'un mode est réinjectée dans l'autre mode. Les lasers soumis à une ré-injection optique ont d'ailleurs fait l'objet de nombreuses études tant théoriques qu'expérimentales, que ce soit pour des raisons pratiques, comme la recherche d'une meilleure stabilité du laser, ou pour des raisons fondamentales, car le laser montre des comportements également observés dans d'autres systèmes dynamiques. Quand la cavité de ré-injection optique contient un transposeur de fréquence, typiquement une cellule de Bragg (cristal acousto-optique), des dynamiques variées ont été rapportées — spécialement dans les lasers solides pompés par diode.

Parmi ces dynamiques variées, une première classe de ré-injection décalée en fréquence (RDF) peut-être qualifiée de déstabilisatrice. Il est bien connu que la dynamique des lasers à état solide est gouvernée par la fréquence des oscillations de relaxation f_R[6]. Ainsi, quand la lumière ré-injectée est décalée d'une fréquence proche de f_R[7], le champ intra-cavité est fortement déstabilisé [107]. OTSUKA a montré que la vélocimétrie Doppler tirait avantage de cet effet avec un micro-laser mono-fréquence [108], tandis que LACOT *et al.* ont plus tard mis en œuvre une technique d'imagerie basée sur le même effet [109]. Qui plus est, quand le laser opère en régime bi-fréquence, la sensibilité du laser à la RDF est encore accrue, comme l'ont prouvé NERIN *et al.* [110] et KERVÉVAN *et al.* [111].

6. Le calcul de cette fréquence f_R est rappelé dans l'annexe A
7. La fréquence f_R des oscillations de relaxation n'est pas modifiée par la ré-injection [106]

Un autre type de RDF peut également être qualifié de déstabilisateur : si on impose à l'intérieur de la cavité du laser bi-fréquence un décalage de fréquence grand devant f_R, le laser produit un spectre de fréquence non-conventionnel, connu sous le nom de spectre *"sans mode"*. Cela a pour la première fois été observé dans les lasers à colorant par KOWALSKI *et al.* [112], et récemment compris par GUILLET DE CHATELLUS *et al.* comme étant en réalité un spectre large bande thermique cyclo-stationnaire [113]. Dans le cas des lasers à état solide, la ré-injection décalée en fréquence peut également être la cause de régimes pulsés [114].

La seconde classe de RDF peut être qualifiée de stabilisatrice. En effet, en considérant un laser bi-polarisation caractérisé par sa fréquence de battement $\delta\nu \gg f_R$, KERVÉVAN *et al.* ont montré qu'une ré-injection avec un décalage de fréquence au voisinage de $\delta\nu$ pouvait asservir cette fréquence de battement [61]. Le battement continu du laser peut ainsi être efficacement stabilisé vis-à-vis des dérives usuelles (d'origine mécanique et thermique notamment). Il a alors été démontré en utilisant le même principe qu'un laser bi-polarisation passivement déclenché (en anglais *Q-switch*) peut également être stabilisé. Cela offre un moyen élégant de rendre cohérent le battement d'impulsion en impulsion [115].

Nous consacrerons un chapitre à développer un modèle pour les lasers bi-polarisation, tant en régime continu qu'impulsionnel. Pour y arriver nous dériverons un jeu d'équations différentielles à retard rappelant le modèle de LANG–KOBAYASHI [116]. Le modèle sera comparé aux résultats expérimentaux obtenus dans les références [61, 115]. Nous introduirons dans les équations d'évolution le terme associé à la RDF, ce qui aboutira à une expression analytique de la plage de fréquence pour laquelle le battement $\delta\nu$ du laser est asservi au décalage de fréquence de la rétro-injection, dans le cas du régime continu.

Dans le second chapitre de cette partie, nous testerons les prédictions du modèle théorique sur un laser Nd:YAG réalisé au laboratoire et sur les résultats obtenus à Caen sur les lasers Er:Yb:Verre [117].

Chapitre 4

Modèle théorique de la RDF

Ordinairement les laser solides mono-mode en régime continu sont bien décrits par deux équations couplées d'évolution de l'inversion de population et du nombre de photons dans la cavité laser [57]. En présence d'un champ rétro-injecté avec un retard, il a été montré [107] que les équations de LANG–KOBAYASHI d'abord écrites pour les lasers à semi-conducteurs, décrivaient correctement le régime d'oscillation des lasers à milieux actifs dopés terres-rares. De plus, ces équations peuvent être étendues au cas de la ré-injection décalée en fréquence dans les cas mono-fréquence [109] et bi-fréquence [111].

Par ailleurs dans un laser scalaire, quand un absorbant saturable est inséré dans la cavité, une troisième équation concernant l'évolution de l'inversion de population dans l'absorbant saturable doit être ajoutée pour prédire le régime déclenché (impulsionnel) [18]. Dans notre cas, vectoriel et anisotrope, l'absorbant saturable est bien décrit en utilisant un ensemble de trois équations d'évolution associés aux trois classes de dipoles de l'absorbant saturable [118]. Dans un second temps, nous partirons des équations du laser avec absorbant saturable, auxquelles nous rajouterons le terme retardé correspondant à la RDF, afin d'étudier le phénomène d'accrochage des fréquences dans le cas impulsionnel. Après un bref exposé du montage expérimental, les deux cas continu et impulsionnel seront traités séparément.

4.1 Description du montage

Le système que nous voulons modéliser est montré sur la figure 4.1. Comme dans la première partie du manuscrit, il s'agit d'une cavité d'axe z et de longueur L terminée par les miroirs

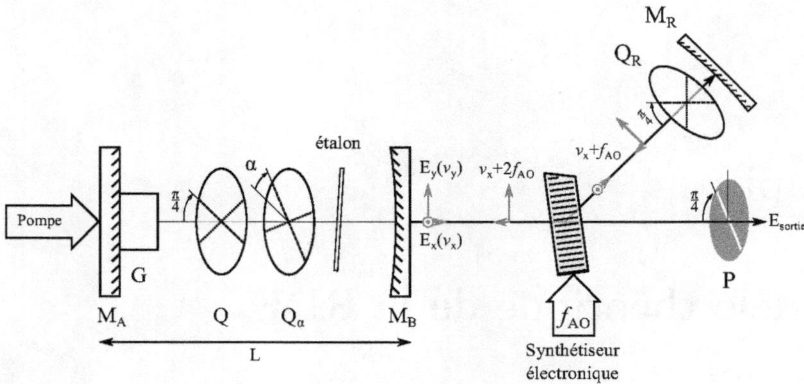

FIGURE 4.1 – Schéma du laser bi-polarisation suivie d'une cavité de contre-réaction

M_A et M_B. Le milieu actif **G** est un pavé de Nd:YAG supposé isotrope accompagné d'une biréfringence $\delta\phi$ ajustable, induite par deux lames quart-d'onde **Q** et $\mathbf{Q}_\alpha$ tournées l'une par rapport à l'autre. Cette biréfringence induit un décalage de fréquence $\delta\nu$, entre les 2 états propres du laser [82, 29]. On impose l'oscillation sur un seul mode longitudinal en utilisant une lame étalon. Dans le second temps de ce chapitre où nous étudierons le régime déclenché, on aura ajouté dans la cavité laser un absorbant saturable **A**. Le laser oscille donc sur deux vecteurs propres orthogonaux E_x et E_y, polarisés suivant $\hat{x}$ et $\hat{y}$, respectivement.

En sortie du laser, le faisceau se propage au travers d'une cellule de Bragg (acousto-optique, "AO"), où un réseau d'indice modulé à la fréquence f_{AO} est produit par un synthétiseur radio-fréquence (RF) ultra-stable. Le miroir M_R est positionné de manière à intercepter le faisceau diffracté au premier ordre en sortie de la cellule de Bragg, et aligné de telle sorte que le faisceau réfléchi est rétro-injecté dans le laser, en passant une seconde fois par la cellule de Bragg. Ce faisant, le faisceau rétro-injecté est décalé en fréquence de $2f_{AO}$. Un rotateur de polarisation $\mathbf{Q}_R$, en l'occurrence une lame quart-d'onde, est placé entre la cellule de Bragg et le miroir de renvoi M_R, et nous permet de tourner le champ rétro-injecté de 90°.

Dans ce modèle, nous étudions le champ intra-cavité $\{E_x, E_y\}$, en considérant la rétro-injection du champ E_x décalée en fréquence et polarisée suivant $\hat{y}$ avant d'être rétro-injecté.

4.2 Modèle du régime continu

En partant des équations d'évolution pour un laser bi-mode [19], en prenant le champ électrique sous forme complexe, et en négligeant l'effet du *hole burning* spatial, les inversions de population associées aux deux états propres du laser s'écrivent :

$$\dot{n}_{x,y} = \gamma_{||} P_{x,y} - \left[\gamma_{||} + \zeta \left(|E_{x,y}|^2 + \beta |E_{y,x}|^2\right)\right] n_{x,y} + \tilde{n}_{x,y}, \qquad (4.1)$$

où $\gamma_{||}$ est le taux de décroissance de l'inversion de population dans le milieu actif ; $P_{x,y}$ est le taux de pompage des états propres x et y, respectivement ; β est la constante de couplage qui prend en compte la saturation croisée dans le milieu actif ; et $\tilde{n}_{x,y}$ sont les bruits de Langevin associés à l'émission spontanée. Les équations d'évolution pour les champs E_x et E_y, prenant en compte la rétro-injection polarisée suivant $\hat{y}$, s'écrivent :

$$\dot{E}_x = \left[i2\pi\nu_x - \frac{\Gamma_x}{2} + \frac{\kappa}{2}(n_x + \beta n_y)\right] E_x + \tilde{E}_x \qquad (4.2)$$

$$\dot{E}_y = \left[i2\pi\nu_y - \frac{\Gamma_y}{2} + \frac{\kappa}{2}(n_y + \beta n_x)\right] E_y + \tilde{E}_y + \gamma_e E_x(t-\tau) e^{i4\pi f_{AO} t + i\Psi} \qquad (4.3)$$

Dans ces équations, $\Gamma_{x,y}$ sont les taux de décroissance de l'intensité intra-cavité suivant les axes x et y, donnés par $\Gamma_{x,y} = -\frac{c}{2L} \times \ln\left(R_A R_B (1-\delta_{x,y})^2\right)$ où R_A et R_B sont les coefficients de réflexion en intensité des M_A et M_B, respectivement, et δ_x et δ_y sont les coefficients de pertes subies par les états propres x et y au cours d'un aller simple dans la cavité.

κ et ζ sont les constantes de couplage atomes-champ. En suivant [109], le dernier terme à droite de l'équation (4.3) est le terme retardé prenant en compte la rétro-injection. Celui-ci contient le décalage de fréquence $2f_{AO}$, ainsi que τ et Ψ, qui sont le temps d'aller-retour et le déphasage introduit par la cavité de rétro-injection (entre M_B et M_R). γ_e est l'intensité relative de la rétro-injection, qui peut être écrite $\gamma_e = g\Gamma_y\sqrt{R_R}$, où R_R est le coefficient de réflexion en intensité de la cavité de rétro-injection, qui inclut le miroir de renvoi M_R, l'efficacité globale de diffraction de la cellule de Bragg (double passage), et la transmission des différents éléments optiques. g est une constante caractérisant le recouvrement spatial entre le faisceau rétro-injecté et le faisceau laser intra-cavité [109]. Les équations (4.1–4.3) peuvent être simplifiées en posant $E_x = \bar{E}_x e^{i2\pi\nu_x t} = |E_x| e^{i2\pi\nu_x t + i\phi_x}$ et $E_y = \bar{E}_y e^{i2\pi(\nu_x + 2f_{AO})t} = |E_y| e^{i2\pi(\nu_x+2f_{AO})t + i\phi_y}$. Qui plus est, on peut poser sans perte de généralité $\kappa = \zeta = 1$, et supposer que les pertes intra-cavité sont isotropes $\delta_x = \delta_y$ (ce qui aboutit $\Gamma_x = \Gamma_y = \Gamma$), de même que le pompage $P_x = P_y$. On définit le décalage de fréquence $\Delta\nu = \nu_y - \nu_x - 2f_{AO}$. On écrit η le taux d'excitation au dessus du seuil d'oscillation et $n_0 = \frac{\Gamma}{1+\beta}$ l'inversion de population au seuil. On suppose que le déphasage Ψ de la rétro-injection est constant, et on pose $-2\pi\nu_x\tau + \Psi = 0$. Grâce à ces approximations, les équations du laser bi-mode deviennent

$$\begin{aligned} \dot{n}_{x,y} &= \gamma_{\|}\eta n_0 - \left(\gamma_{\|} + |E_x|^2 + \beta|E_y|^2\right) n_{x,y} + \tilde{n}_{x,y} && (4.4)\\ \dot{E}_x &= (n_x + \beta n_y - \Gamma)\,\frac{E_x}{2} + \tilde{E}_x && (4.5)\\ \dot{E}_y &= (n_y + \beta n_x - \Gamma)\,\frac{E_y}{2} + \tilde{E}_y + i2\pi\Delta\nu E_y + \gamma_e E_x(t-\tau) && (4.6) \end{aligned}$$

Dans la suite du chapitre, nous utiliserons ces équations (4.4–4.6) pour calculer analytiquement la taille de la plage d'accrochage qui sera ensuite comparée aux résultats expérimentaux. Enfin, comme dans la référence [109], les termes de bruit sur les inversions de population sont supposés nuls $\tilde{n}_{x,y}$, tandis que sur les champs électriques on applique un bruit de Langevin qu'on écrit $\tilde{E}_{x,y} = (n_{x,y} + \beta n_{y,x})\varepsilon$, où ε est une constante.

Intéressons-nous maintenant à la plage d'accrochage. En dérivant l'évolution de la phase contenue dans les équations (4.5–4.6), on obtient l'équation de type Adler suivante :

$$\dot{\phi}_y = 2\pi\Delta\nu - \gamma_e \left|\frac{E_x(t-\tau)}{E_y(t)}\right| \sin[\phi_y(t) - \phi_x(t-\tau)] \qquad (4.7)$$

Cela démontre que le terme de rétro-injection peut induire un phénomène d'accrochage de phase. La plage d'accrochage, c'est à dire l'intervalle des $\Delta\nu$ pour lesquels l'accrochage se produit, peut être calculé en imposant que l'état stationnaire correspond à des phase $\phi_{x,y}$ et des intensités $|E_{x,y}|^2$ constantes [1]. On considère également que, pour des pertes intra-cavité égales, le terme de rétro-injection conduit à une intensité associée à l'état propre y légèrement supérieure à celle associée à l'état propre x, c'est à dire $|E_y|^2 \geq |E_x|^2$. La largeur de la plage

1. Le cas où E_x et E_y varient au cours du temps sera traité dans la troisième partie du manuscrit

d'accrochage s'obtient alors directement à partir de l'équation (4.7) :

$$-\frac{\gamma_e}{2\pi} \leq \Delta\nu \leq \frac{\gamma_e}{2\pi} \tag{4.8}$$

La dépendance de la plage d'accrochage à l'intensité relative de la rétro-injection sera étudiée en détail plus bas ; avant quoi, nous allons étendre ce modèle au régime déclenché (Q-switch).

4.3 Modèle pour le régime déclenché

On suppose que l'absorbant saturable, qui joue le rôle de déclencheur dans la cavité laser, permet l'émission simultanée d'impulsions polarisées suivant x et y. Il a été montré, par exemple, qu'un absorbeur intra-cavité constitué d'un cristal de Cr^{4+} :YAG taillé suivant l'axe [001], et dont l'axe cristallographique [001] est confondu avec l'axe de la cavité laser, remplit cette condition si l'anisotropie de phase de la cavité est orientée à 45° par rapport aux axes du Cr^{4+} :YAG [118]. Partant de cette hypothèse, on dérive les équations d'évolutions simplifiées (4.4–4.6). On remarque tout d'abord que l'évolution de l'inversion de population demeure inchangée, et pourra être directement utilisée pour la modélisation du régime déclenché. En revanche, l'évolution des champs électriques peut maintenant s'écrire :

$$\dot{E}_x = (n_x + \beta n_y - \Gamma - a_x)\frac{E_x}{2} + \tilde{E}_x \tag{4.9}$$

$$\dot{E}_y = (n_y + \beta n_x - \Gamma - a_y)\frac{E_y}{2} + \tilde{E}_y + i2\pi\Delta\nu + \gamma_e E_x(t-\tau) \tag{4.10}$$

Les équations (4.9) et (4.10) diffèrent des équations (4.5) et (4.6) par les termes d'absorption $a_{x,y}$ qui correspondent aux pertes saturables suivant les directions x et y. Quand l'axe [100] de l'absorbant est orienté à 45° par rapport à l'axe x, ces pertes sont égales à la moyenne des pertes saturables associées aux axes [100] et [010] de l'absorbant. Enfin, en supposant que $a_x = a_y = a$, l'évolution temporelle de l'absorption saturable est gouvernée par l'équation :

$$\dot{a} = \gamma_a a_0 - [\gamma_A + \frac{\mu_0}{2}(1 + C_a)(|E_x|^2 + |E_y|^2)]a, \tag{4.11}$$

où $a_0 = -\frac{c}{L} \times \log T_a$ est le coefficient d'absoption non-saturée. γ_a est le taux de décroissance de l'état haut de la transition électronique impliquée dans l'absorption. Le coefficient de couplage μ_0 est calculé comme $\mu_0 = \sigma_a/\sigma_g$, le rapport des sections efficaces d'absorption (σ_a) et d'émission stimulée (σ_g) respectivement de la transition absorbante et du milieu actif [118]. C_a prend en compte la saturation croisée dans l'absorbant. Enfin, l'inversion de population au seuil d'oscillation devient $n_0' = \frac{\Gamma+a_0}{1+\beta}$. A contrario du cas continu, il n'y a ici aucun expression analytique simple de la plage d'accrochage. Nous verrons cependant que le phénomène d'accrochage persiste. Les équations (4.4) et (4.9–4.11) seront intégrées numériquement dans le chapitre suivant pour modéliser le comportement du laser bi-polarisation en régime déclenché lorsqu'il est soumis à la RDF.

Afin de clarifier l'interprétation qui sera faite des mesures expérimentales, nous allons brièvement discuter des différences entre des battements impulsionnels accroché et décroché [33]. Ces deux cas sont schématisés sur la figure 4.2. Considérons l'intensité d'un train d'impulsions périodique avec un taux de répétition f_{rep} contenant la fréquence de battement $\delta\nu = \nu_y - \nu_x$, tel que schématisé sur la figure 4.2(a). Si le temps de cohérence de phase du battement $\phi = \phi_y - \phi_x$ est plus petit que la période du train d'impulsions f_{rep}^{-1}, alors la cohérence du battement est limitée à la durée d'une seule impulsion. Alors le spectre de battement est un continuum comme le montre la figure 4.2(b) gauche. Inversement, si par le mécanisme d'accrochage, ϕ est constante sur un temps infini (en pratique grand devant f_{rep}^{-1}), alors le spectre du battement est un peigne de fréquences f_{rep}-périodique centré sur $\delta\nu$, comme le montre la figure 4.2(b) droite.

Ce second cas correspond à un battement parfaitement cohérent d'impulsion en impulsion, verrouillé sur l'oscillateur local qui sert de source à la rétro-injection optique, tel que figuré en 4.2(a). Cette simple analyse par transformée de Fourier montre que le spectre de battement expérimental permet de distinguer facilement si la rétro-injection décalée en fréquence parvient ou non à rendre le battement cohérent (dont la signature est un spectre f_{rep}-périodique).

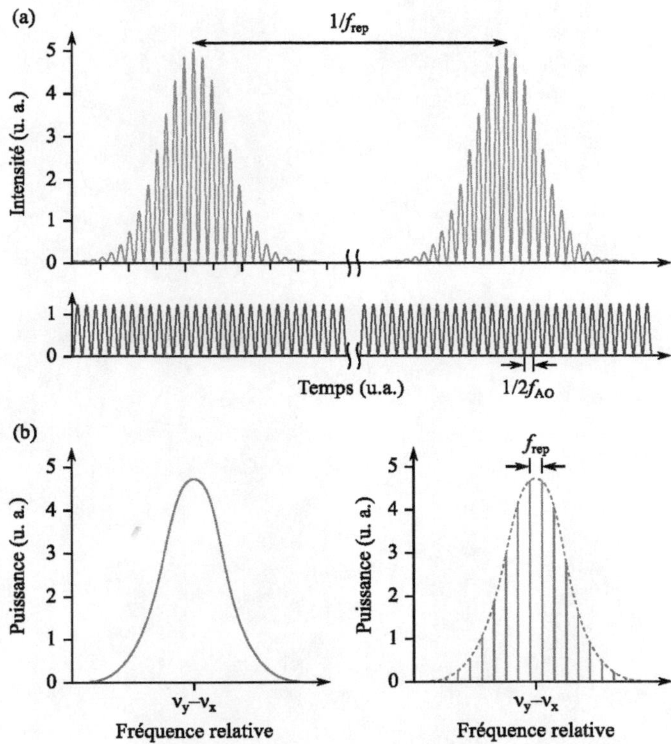

FIGURE 4.2 – (a) Série temporelle d'un train d'impulsions émises à une cadence f_{rep}. Chaque impulsion est modulée à la fréquence de référence $2f_{AO}$. (b) spectres du laser centrés sur la fréquence de battement du laser $\nu_y - \nu_x$, respectivement en l'absence (à gauche) et en présence (à droite) de la rétro-injection décalée en fréquence.

Chapitre 5

Résultats expérimentaux et simulations

Nous allons maintenant dimensionner le laser bi-polarisation schématisé précédemment dans la figure 4.1. La cavité de longueur $L = 75$ mm est délimitée d'un coté par un miroir plan haute réflexion M_A directement déposé sur le milieu actif constitué d'un cristal de Nd:YAG long de 5 mm, et de l'autre coté par un coupleur de sortie concave M_B, de rayon de courbure $R_B = 100$ mm et dont la transmission est de 1 % à la longueur d'onde de fonctionnement $\lambda = 1064$ nm. Comme dans la première partie du manuscrit, le milieu actif est pompé par une diode laser à 808 nm. Une lame étalon d'1 mm d'épaisseur permet de forcer l'oscillation bi-polarisation sur un seul mode longitudinal. Les deux états propres orthogonaux sont contrôlés par deux lames quart-d'onde tournées l'une par rapport à l'autre, comme le premier chapitre l'a détaillé. Ici on a choisi l'orientation des deux lames quart-d'onde de telle sorte de la fréquence de battement des états propres soit au voisinage de 180 MHz, car le rendement de diffraction de notre cellule de Bragg est maximal pour $f_{AO} \approx 90$ MHz (et donc $2f_{AO} \approx 180$ MHz). Typiquement, le laser produit un faisceau de 10 mW lorsqu'il est pompé avec une puissance de 500 mW.

La cavité de rétro-injection est schématisée dans la partie droite de la figure 4.1. Les composantes x et y du champ en sortie du laser sont décalées en fréquence par la cellule acousto-optique de Bragg modulée par un générateur de signaux radio-fréquence (RF) qui impose f_{AO}. La puissance RF est ajustable mais se situe typiquement autour de 24 dBm à la fréquence de commande $f_{AO} \approx 90$ MHz. Les champs diffractés au premier ordre par la cellule de Bragg sont rétro-injectés dans le laser après un aller-retour au travers d'une lame quart-d'onde qui a pour effet de faire basculer les polarisation de E_x et de E_y de 90°. La longueur de la cavité de rétro-injection est de 75 cm (délimitée par M_B et M_R), ce qui correspond à un temps d'aller-retour de

$\tau = 5$ ns, qui est le retard du terme de rétro-injection dans l'équation (4.10). Une lentille L_m est placée juste en sortie du laser de manière à maximiser le recouvrement entre le faisceau rétro-injecté et le faisceau laser intra-cavité. La fréquence ν_x (et en supposant que $\nu_y > \nu_x$) portée par un champ polarisé suivant x est donc rétro-injectée à la fréquence $\nu_x + 2f_{AO}$, polarisée suivant y. Quand la fréquence de battement du laser ($\delta\nu = \nu_y - \nu_x$) s'approche de la fréquence doublée commandant l'acousto-optique ($2f_{AO}$), on s'attend au phénomène d'accrochage. Remarquons au passage que contrairement à la référence [61], la composante de fréquence ν_y est également rétro-injectée dans le laser, mais à la fréquence $\nu_y + 2f_{AO}$, qui n'est résonnante ni avec ν_x ni ν_y, et que l'on peut donc négliger. On vérifie que le laser n'oscille qu'aux deux fréquences ν_x et ν_y, grâce à l'interféromètre Fabry-Perot déjà utilisé dans les premiers chapitres. Le champ en sortie du laser est mesuré après passage au travers de la cellule de Bragg (sans diffraction) puis au travers d'un polariseur orienté à 45° des axes x et y, et enfin après réception par une photodiode Silicium de bande passante 2 GHz, connectée à un oscilloscope et/ou un analyseur de spectre électrique.

5.1 Laser bi-fréquence en régime continu

En oscillation "libre", c'est à dire en l'absence de rétro-injection, la fréquence de battement du laser $\delta\nu$ fluctue en raison des bruits introduits par les vibrations mécaniques, les dérives thermiques et les fluctuations de la puissance de pompe. La dérive typique du battement est 10 kHz/s rapporté à la fréquence de 180 MHz. En oscillation forcée, c'est à dire avec la rétro-injection, différents comportement sont observés en fonction du décalage $\Delta\nu = \delta\nu - 2f_{AO}$ et de l'intensité γ_e de la rétro-injection. Ces deux paramètres dépendent uniquement de la fréquence de commande et de l'efficacité de diffraction de la cellule de Bragg. Notons que, pour prendre en compte l'éventuelle dépendance en polarisation de l'efficacité de diffraction, celle-ci est toujours moyennée sur un aller-retour dans l'acousto-optique.

Dans un premier temps, on règle $f_{AO} = 89,5$ MHz et la puissance RF de commande à 24 dBm, ce qui conduit à une efficacité de diffraction [1] au premier ordre de 56 % . Cette valeur correspond à un décalage $\Delta\nu$ de l'ordre du MHz et à $R_R = 0,2$. La figure 5.1 montre le spectre de battement du champ émit par le laser. On peut y voir 2 pics de fréquence : à droite on a la

1. On définit l'efficacité de diffraction comme la puissance diffractée par le cristal acousto-optique dans la direction correspondant à un lobe de diffraction donné, divisée par la puissance totale sortante du cristal.

fréquence $\delta\nu$ de battement entre les deux états propres E_x et E_y, et à gauche la fréquence de battement entre l'état propre polarisé suivant y et le champ E_x rétro-injecté, d'où la fréquence $2f_{AO}$. Dans cette situation nous sommes clairement en dehors de la plage d'accrochage.

Quand on augmente la fréquence RF de quelques centaines de kHz, les deux pics fusionnent subitement en un seul, verrouillé en fréquence sur $2f_{AO}$. On peut faire varier $2f_{AO}$ de 1,6 MHz en gardant le battement du laser accroché sur la fréquence de référence doublée. Dans cette plage d'accrochage, un zoom sur l'unique pic de fréquence montre que la finesse spectrale et la stabilité du synthétiseur RF sont parfaitement reportées sur la fréquence de battement. En effet, la largeur à -3 dB du pic est mesurée à 1 Hz, qui est la limite de résolution de l'analyseur de spectre.

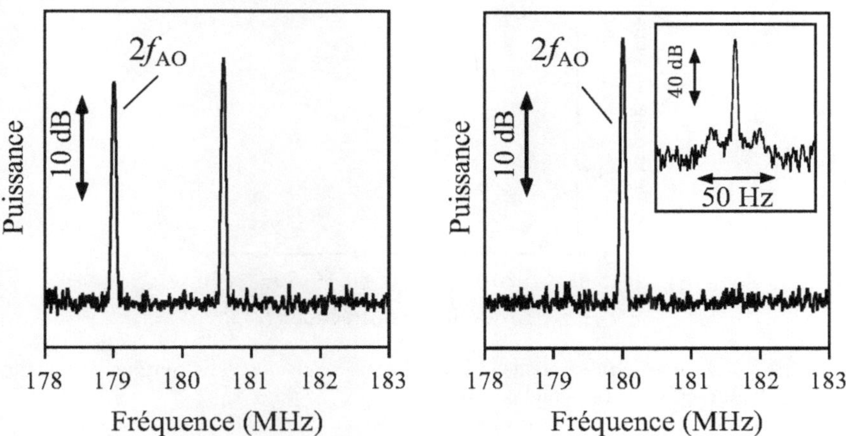

FIGURE 5.1 – Spectre expérimental typique de la puissance du train d'impulsion en sortie du laser. Résolution spectrale : 30 kHz. (a) Fréquence de battement non-verrouillée, i.e. $\Delta\nu > \gamma_e/2\pi$. (b) Battement verrouillé, i.e. $\Delta\nu < \gamma_e/2\pi$ avec en insert un zoom sur le pic avec une résolution spectrale de 1 Hz (limite de l'instrument).

Le phénomène d'accrochage est gouverné par l'équation (4.8). Le seul paramètre expérimental que l'on peut faire varier de manière reproductible est l'efficacité de diffraction de la cellule de Bragg (*via* la puissance RF appliquée). La figure 5.2 montre l'évolution de la largeur de la plage d'accrochage à mesure qu'on augmente la puissance RF sur l'acousto-optique de +15 dBm à +30dBm. Cela correspond à des efficacités de diffraction allant de 10% à 90%. On voit que cette évolution est linéaire, et que la plage d'accrochage atteint 4 MHz. On peut comparer ce résultat à la prédiction de l'équation (4.8). La valeur expérimentale de R_R est simplement calculée comme le produit de l'efficacité de diffraction avec les coefficients de transmission des différents éléments optiques. On estime que le taux de décroissance de l'intensité intra-cavité est $\Gamma = 4 \times 10^7\ s^{-1}$, en supposant que les pertes sur un aller-retour dans la cavité valent $\delta = 0,6\%$. L'expression théorique de la pleine largeur de la plage d'accrochage $\gamma_e/\pi = g\Gamma\sqrt{R_R}/\pi$ correspond parfaitement aux résultats expérimentaux si $g = 30\%$, ce qui est une valeur raisonnable du recouvrement spatial.

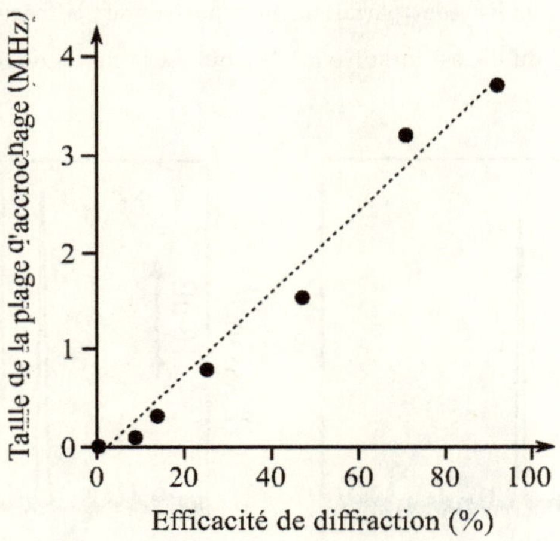

FIGURE 5.2 – Mesure expérimentale de la plage d'accrochage en régime continu, en fonction de l'efficacité de diffraction de la cellule de Bragg.

On intègre maintenant les équations (4.4–4.6) avec la routine d'intégration standard de MatLab, dde23, optimisée pour les équations différentielles avec termes retardés. On vérifie alors numériquement que la largeur de la plage d'accrochage est bien celle prédite par l'équation (4.8). Le très bon accord entre les simulations et l'expérience valide les hypothèses que nous avons faites, et notamment qu'un seul aller-retour dans la cavité de rétro-injection doit être pris en compte. Enfin, la prédiction de l'équation (4.8) peut aussi être comparée à la plage d'accrochage trouvée expérimentalement dans un laser bi-fréquence Er:Yb:Verre (phosphate amorphe) décrit dans la référence [117]. La largeur mesurée de 300 kHz pour la plage d'accrochage correspond à notre prédiction théorique en posant $g \approx 5 \times 10^{-2}$, ce qui là encore est une estimation très raisonnable du facteur de recouvrement spatial. Différentes simulations pour des valeurs croissantes du délai de ré-injection montrent que celui-ci est négligeable jusqu'à des valeurs aussi grandes que $\tau = (100 f_R)^{-1} \approx 30ns$.

5.2 Laser bi-fréquence en régime déclenché

Dans le but de faire passer en fonctionnement déclenché impulsionnel le laser bi-polarisation, on y insère un absorbant saturable Cr:YAG taillé [100], dont la transmission non-saturée est $T_a = 90\%$. L'absorbant est inséré entre le milieu actif et les deux lames quart-d'onde (voir figure 4.1). L'orientation du Cr:YAG est des quart-d'onde sont choisies afin de conserver l'oscillation simultanée sur les deux états propres polarisés orthogonalement suivant x et y, et avec deux fréquences séparées par un intervalle de 0 à $c/4L = 1$ GHz [118]. Les caractéristiques mesurées du faisceau (puissance moyenne, puissance crête, taux de répétition et gigue temporelle), sont typiques des lasers Nd:YAG déclenchés par un Cr:YAG. Le laser émet ainsi un train d'impulsion à une cadence $f_{rep} = 10$ kHz pour une puissance de pompe de $P_P = 0,7$ W. L'énergie et la durée des impulsions sont respectivement 3 μJ et 45 ns (largeur totale à mi-hauteur). La figure 5.3(a) montre l'allure temporelle de la sortie de notre laser. La fréquence de battement $\delta\nu$ entre les deux états propres du laser est verrouillée sur la fréquence de commande RF, ce que prouve la présence d'un battement à la fréquence $2f_{AO}$ à l'intérieur de l'enveloppe de l'impulsion.

Deux remarques : (i) on ajuste l'orientation du polariseur précédant la photodiode de telle sorte qu'on obtienne un taux de modulation maximal du battement dans l'enveloppe et (ii) en dehors de la plage d'accrochage, les impulsions en sortie sont identiques à celles montrées sur la figure 5.3(a).

Afin de valider notre modèle dans le cas déclenché, on intègre les équations (4.4) et (4.9–4.11) avec, en plus des valeurs déjà données, les paramètres obtenus dans la référence [118] (et bibliographie incluse). L'ensemble des paramètres utilisés par les simulations dans le tableau ci-dessous :

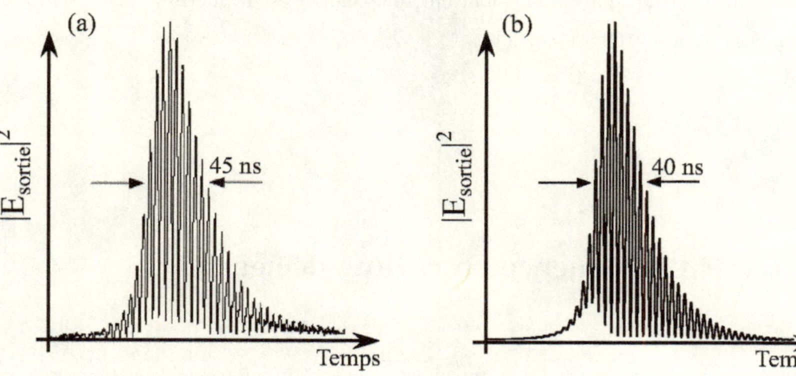

FIGURE 5.3 – Allure temporelle de l'intensité en sortie d'une impulsion quand $f_{rep} = 10$ kHz et $\Delta\nu = 0$. (a) Données expérimentales (b) Simulation numérique avec comme paramètres $g = 30\%$, $R_R = 40\%$ et $\eta = 3$.

Couplage par saturation croisée du gain	β	0,21
Décroissance de l'inversion de population	$\gamma_{\|\|}$	$4,35 \times 10^3$ s^{-1}
Décroissance de l'intensité intra-cavité	Γ	4×10^7 s^{-1}
Inversion de population au seuil	n_0	$3,85 \times 10^8$ s^{-1}
Taux d'excitation	η	3
Coefficient d'émission spontanée	ε	10^{-20}
Retard de la rétro-injection	τ	5 ns
Intensité relative rétro-injectée	γ_e	$9,4 \times 10^6 s^{-1}$
Fréquence RF de commande	f_{AO}	90 $\pm$5 MHz
Recouvrement spatial source/injection	g	30%
Couplage par saturation croisée de l'absorbeur	C_a	3%
Décroissance de l'état excité de l'absorbeur	γ_a	$2,50 \times 10^5$ s^{-1}
Transmission non-saturée de l'absorbeur	T_a	90%
Couplage gain/absorbeur	μ_0	2,875
Absorption non-saturée	a_0	$4,21 \times 10^8$ s^{-1}

L'intensité $|E_{sortie}|^2$ trouvée par la simulation est figurée en 5.3(b) sur une fenêtre temporelle correspondante à une impulsion. L'accord avec la série temporelle expérimentale figurée en 5.3(a) est remarquable et valide notre modèle.

Par ailleurs, on vérifie que la cadence de répétition des impulsions f_{rep} simulées concorde avec la mesure expérimentale. L'approximation utilisée dans les équations différentielles à délai est ici justifiée par la petitesse du temps d'aller-retour dans la cavité $c/2L = 0,5$ ns comparé au délai de rétro-injection $\tau = 5$ ns, lui-même petit devant la durée d'impulsion de 45 ns.

Intéressons-nous maintenant au verrouillage de phase au sein de ce régime impulsionnel déclenché. Il a déjà été prouvé dans la référence [115] que le système de rétro-injection décalée en fréquence permettait d'introduire de la cohérence entre impulsions successives au sein d'un train d'impulsions, autrement dit qu'il y a également une plage d'accrochage dans le cas du régime déclenché.

La figure 5.4 présente les composantes principales du spectre électrique de l'intensité en sortie du laser $|E_{sortie}|^2$. Tout d'abord, le spectre de battement du laser en l'absence de rétro-injection est montré pour référence en 5.4(a) et 5.4(b). Le spectre figuré en 5.4(a), centré sur 185 MHz, contient un seul *pic* de fréquence dont la pleine largeur à mi-hauteur est d'environ 10 MHz. Le modèle que nous avons développé pour le régime déclenché, prédit que lorsque la phase des deux oscillateurs reste verrouillée d'une impulsion à l'autre, le spectre du battement doit avoir une structure f_{rep}-périodique au sein du pic principal de fréquence.

La figure est un agrandissement du même spectre, sur une largeur de 100 kHz. L'aspect lisse de ce spectre indique que la phase du battement évolue de manière aléatoire d'une impulsion à l'autre. Maintenant, en présence de la cavité rétro-injection avec un décalage $\Delta\nu$ choisi proche de 0, le spectre de battement correspondant est figuré en 5.4(c) et 5.4(d). Bien qu'il y ait une petite différence de zoom horizontal (80 MHz pour la figure 5.4(c) contre 100 kHz pour la figure 5.4(a)), l'agrandissement en 5.4(d) du pic central à 185 MHz révèle le peigne de fréquence f_{rep}-périodique. En mettant cela en rapport avec la figure 4.2(b), on en conclut que la phase du battement est maintenant verrouillée au long du train d'impulsion. Il faut insister sur le fait que ce verrouillage persiste en dépit des sources de bruits irréductibles (vibrations mécaniques, ondes acoustiques, fluctuations de la pompe). Il faut maintenant confronter nos simulations à ces deux situations verrouillée et déverrouillée.

Nous allons maintenant montrer que, tandis que l'accrochage expérimental est observé directement à l'analyseur de spectre, le verrouillage trouvé par la simulation est mieux mis en évidence par une analyse temporelle.

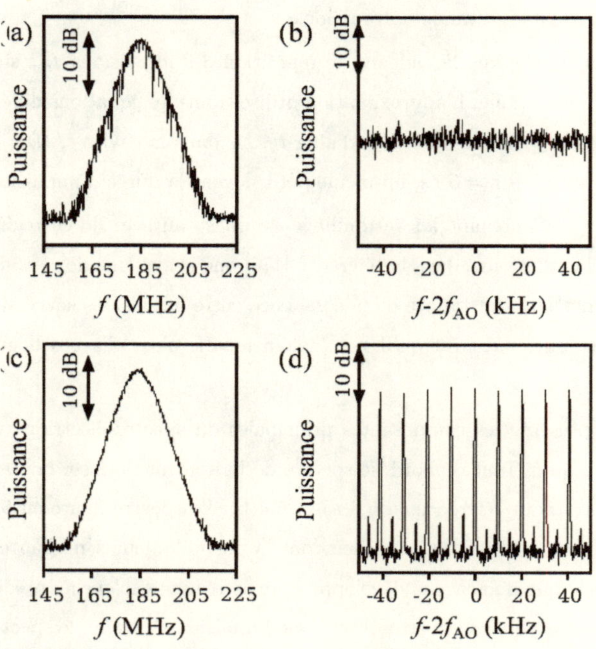

FIGURE 5.4 – Spectres expérimental de la puissance de sortie du laser sur deux échelles de fréquences différentes pour $f_{AO} = 92,5$ MHz. (a–b) Régime non-verrouillé, (c–d) régime verrouillé. à gauche la résolution en fréquence est de 1 MHz contre 300 Hz à droite.

Le système d'équations du régime déclenché est d'abord intégré avec un désaccord $\Delta\nu = 10$ MHz. L'intensité $|E_{sortie}|^2$ sortante qui en résulte est figurée en 5.5(a), accompagnée de la phase du battement $\varphi_y - \varphi_x$. On peut clairement voir que la phase évolue de manière monotone avec une pente de $2\pi\Delta\nu t$. Il n'y a donc pas accrochage de phase pour cette valeur du désaccord $\Delta\nu$. Quand on pose $\Delta\nu = 1$ MHz, l'évolution de la phase relative $\varphi_y - \varphi_x$ au cours d'une impulsion change du tout-au-tout (*cf.* la figure 5.5(b)). Dans ce cas, le terme de rétro-injection force la phase relative à garder une valeur donnée. Enfin, pour tout désaccord inférieur, par exemple $\Delta\nu = 100$ kHz, on retrouve le même phénomène de forçage, c'est à dire le verrouillage de phase.

En analysant l'évolution de la phase sur un train d'impulsions, on observe que ce comportement est récurrent. On peut donc finalement estimer la largeur de cette plage d'accrochage en régime déclenché à partir des simulations. En effet, le changement de signe, au sein d'une

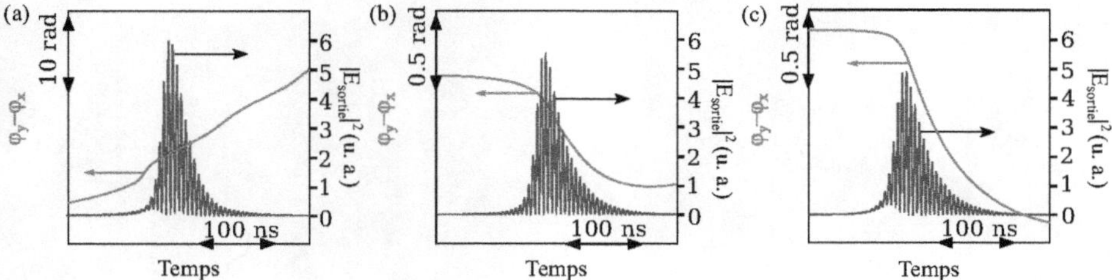

FIGURE 5.5 – Évolution temporelle de l'intensité et de la phase relative calculée pour 3 désaccords différents. (a) $\Delta\nu = 10$ MHz, (b) $\Delta\nu = 1$ MHz, (c) $\Delta\nu = 100$ kHz. Les paramètres sont $g = 1$, $R_R = 10\%$ et $\eta = 3$, ce dont on déduit $\gamma_e/2\pi = 2,2$ MHz.

impulsion, de la dérivée de la phase relative donne une indication précieuse du verrouillage de phase. Les paramètres utilisés pour la simulation amène à une largeur de la plage d'accrochage d'environ 3 MHz (i.e. $\gamma_e/2\pi \approx 1,5$ MHz).

Il est important de noter que la plage d'accrochage déduite de l'équation (4.8) — dérivée du cas continu — vaut 4,4 MHz ($\gamma_e/2\pi = 2,2$ MHz). Ce rétrécissement de la plage d'accrochage en régime déclenché est également observé expérimentalement : on a ainsi observé un peigne f_{rep}-périodique au sein du spectre de battement sur une plage de désaccord $\Delta\nu$ d'environ 200 kHz. On suspecte que l'étroitesse de la plage d'accrochage expérimentale, comparée à la prédiction théorique, est due au faible recouvrement spatial g du champ laser intra-cavité avec le champ rétro-injecté. Notons également que la simulation prédit que la plage d'accrochage grandit avec l'intensité relative de la rétro-injection γ_e, et que l'effet du délai de rétro-injection est faible voire négligeable (des délais de 1 ns ou 10 ns aboutissent numériquement à la même largeur de la plage d'accrochage). Enfin, nous avons vérifié numériquement que prendre en compte un ou plusieurs aller-retours supplémentaires dans la cavité de rétro-injection (avec des retards différents) ne changeait en rien le comportement du laser tel qu'observé *au premier ordre* de la rétro-injection.

Conclusion de la seconde partie

Nous avons développé un modèle théorique pour un laser solide bi-fréquence soumis à une rétro-injection décalée en fréquence. Ce laser fonctionne en régime continu mais peut opérer en régime déclenché en ajoutant un absorbant saturable dans la cavité. Par contraste avec les précédents modèles basés sur des équations d'évolution, ici l'accent est mis sur le phénomène de verrouillage de la fréquence de battement du laser sur la fréquence de référence passée au système *via* la commande de la cellule acousto-optique. Comme l'oscillateur de référence est extérieur au laser, l'extinction du champ intra-cavité entre 2 impulsions ne fait pas perdre au battement sa relation de phase avec la référence. Bien que la référence de fréquence soit un synthétiseur électronique, le mécanisme de synchronisation est tout-optique. Il s'agit donc d'un couplage cohérent, a contrario des boucles de ré-injection opto-électroniques classiques : cela permet de transposer la stabilité de la référence de fréquence sur la fréquence (optique) du battement.

Nous avons construit un système composé d'un laser Nd :YAG pompé par diode , supportant une oscillation simultanée sur 2 états propres de polarisation, ainsi qu'une cavité de rétro-injection, contenant une cellule de Bragg et une lame quart-d'onde. Dans le régime continu, nous avons déterminé l'expression analytique de la largeur de la plage d'accrochage avec un excellent accord entre les simulations et les valeurs expérimentales. Dans le régime déclenché, provoqué par l'adjonction d'un cristal Cr:YAG, on conserve l'oscillation bi-polarisation, ainsi que le verrouillage de phase qui persiste sur une plage de quelques centaines de kHz. Là encore, l'accord entre les simulations numériques et les mesures expérimentales est plutôt bon ; toutefois la plage d'accrochage est plus étroite que dans le cas continu. Ce régime cohérent d'impulsion en impulsion ouvre la voie à certaines applications comme par exemple les systèmes de télédétection Lidar-Radar [119, 34, 120].

Par ailleurs, en régime déclenché, nous avons récemment montré la faisabilité d'une mesure de vitesse d'une cible disposée sur un manège par la mesure du décalage Doppler de son écho. En utilisant la stabilité du laser que nous venons de décrire, nous avons été capable de mesurer des décalages Doppler de l'ordre du Hz, ce qui correspond pour la cible à une vitesse de quelques m/s [121]. Cette étude de faisabilité a été l'objet du mémoire de Jonathan Barreaux [122].

Enfin, ce modèle nous motive à poursuivre l'étude des régimes dynamiques liés au délai de la rétro-injection [123], en particulier quand le désaccord $\Delta\nu$ est choisi au voisinage de la fréquence des oscillations de relaxation.

Troisième partie

Dynamiques d'intensité et de phase dans un laser bifréquence soumis à une réinjection optique résonante

Introduction de la troisième partie

Dans les deux premières parties, nous avons étudié les dynamiques de synchronisation dans les lasers bi-polarisation en supposant que les intensités des deux états propres étaient ou constantes, ou covariantes. Nous allons maintenant sortir de cette situation et voir comment les mécanismes de synchronisation qu'on a observé jusqu'alors sont modifiés. Pour ce faire, nous allons reprendre le système de ré-injection décalée en fréquence de la partie II en choisissant un désaccord $\Delta\nu$ au voisinage de la fréquence des oscillations de relaxation. Dans cette situation, la sensibilité du laser à la ré-injection est accrue[2], et le rapport des intensités des états propres peut varier rapidement de plusieurs ordres de grandeur, et affecter également la dynamique de phase. En particulier, nous analysons en détail la transition entre verrouillage de la phase sur la référence externe et dérive de la phase. Cette transition se produit dans un intervalle de désaccord fréquentiel tel qu'on a un verrouillage de la fréquence sans verrouillage de la phase. Dans les deux derniers chapitres de ce manuscrit, nous étudierons respectivement les dynamiques d'intensité puis de phase, très riches, avant de discuter de la relation non-triviale qui les unit. Le modèle développé dans la seconde partie sera remanié pour prendre en compte les fluctuations des intensités. Nous verrons que l'échelle de temps la plus pertinente pour décrire le système est alors celle des oscillations de relaxation. Une extension du modèle pour d'autres milieux actifs, tels que les semi-conducteurs, sera finalement discutée.

2. Ce fait est notamment utilisé à des fins d'imagerie [124]

Chapitre 6

Rétro-injection optique résonante

6.1 Description du système

6.1.1 Montage expérimental

Nous considérons un laser solide Nd:YAG (classe B) pompé par diode, oscillant sur ses deux états propres de polarisation, et suivi d'une cavité de rétro-injection, tel que figuré en 6.1(a) [125]. Les caractéristiques du laser et de la cavité de ré-injection sont tout à fait identiques au laser de la seconde partie du manuscrit ; c'est pourquoi nous ne détaillerons que les différences avec l'expérience précédente.

On a ici choisi f_{AO} autour de 100 MHz si bien que le désaccord de fréquence $\Delta\nu = \Delta\nu_0 - 2f_{AO}$ est de l'ordre de la fréquence des oscillations de relaxation f_R, tel que figuré en 6.1(b). On note que la rétro-injection optique n'a aucun effet direct sur E_x, parce que la différence de fréquence entre ν_x et $\nu_y + 2f_{AO}$ est trop grande. Pour la même raison, les multiples aller-retours dans la cavité de contre-réaction n'ont aucun effet sur la dynamique du système. Enfin, on détecte l'intensité en sortie du laser avec une photodiode rapide (bande passante analogique de 3 GHz) placée derrière un polariseur orienté à 45° des axes $\hat{x}$ et $\hat{y}$, si bien qu'on obtient un signal électrique proportionnel à $I = |E_x + E_y|^2$. Le signal est alors traité par un analyseur de spectre électrique ainsi qu'un oscilloscope numérique (4×10^{10} échantillons/seconde, bande passante analogique de 6 GHz).

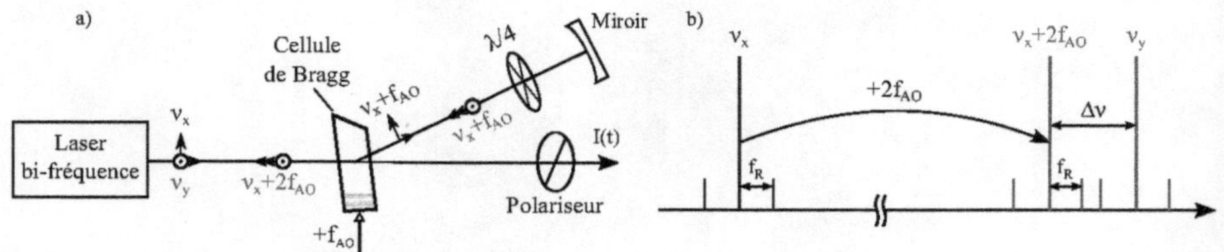

FIGURE 6.1 – (a) Montage expérimental. (b) Diagramme des fréquences principales impliquées dans la dynamique du système. ν_x correspond à une onde polarisée suivant $\hat{x}$, tandis que ν_y et $\nu_x + 2f_{AO}$ sont polarisés suivant $\hat{y}$.

6.1.2 Modèle théorique

Nous allons d'abord décrire le modèle en rendant compte des grandeurs (Champ électrique et inversion de population). Puis, nous normaliserons ce modèle afin d'extraire les paramètres essentiels de sa dynamique. Enfin, nous mettrons le modèle à l'échelle du temps caractéristique du laser, correspondant aux oscillations de relaxation, ce qui aura également pour effet d'optimiser le modèle pour son intégration numérique.

Équations du laser

On part des équations de population à deux modes du type Lang-Kobayashi, déjà introduites dans la partie II et publiées dans la référence [125] :

$$\frac{dE_x}{dt} = [\kappa(n_x + \beta n_y) - \Gamma_x]\,\frac{E_x}{2} + 2i\pi\nu_x E_x + \tilde{E}_x \tag{6.1}$$

$$\frac{dE_y}{dt} = [\kappa(n_y + \beta n_x) - \Gamma_y]\,\frac{E_y}{2} + 2i\pi\nu_y E_y + \tilde{E}_y + \gamma_e E_x(t-\tau)e^{4i\pi f_{AO}t + i\Psi} \tag{6.2}$$

$$\frac{dn_{x,y}}{dt} = \gamma_{||}P_{x,y} - \left[\gamma_{||} + \zeta(|E_{x,y}|^2 + \beta|E_{y,x}|^2)\right] n_{x,y} + \tilde{n}_{x,y} \tag{6.3}$$

Dans ces équations, rappelons que $n_{x,y}$ sont les inversions de population associées aux deux états propres ; $\gamma_{||}$ est la demie-vie de l'inversion de population ; $P_{x,y}$ sont les taux de pompage ; κ et ζ sont les constantes de couplages atomes/champs ; β rend compte de la saturation croisée dans le milieu actif[1] ; $\tilde{E}_{x,y}$ et $\tilde{n}_{x,y}$ sont les termes de bruits représentant l'émission spontanée ; $\Gamma_{x,y}$ est le taux de décroissance du nombre de photons dans la cavité froide, calculé comme

1. La valeur de β est déduite du rapport des fréquences d'oscillation et d'antiphase qui sont calculées en détail dans l'annexe A

$\Gamma_{x,y} = -\ln(R_A R_B(1-\delta_{x,y})^2)\ c/2L$, avec L la longueur de la cavité, R_A et R_B les réflectivités des miroirs délimitant le laser ; $\delta_{x,y}$ sont les pertes pour un aller simple dans une cavité ; γ_e est l'intensité relative de la rétro-injection [126], et rend compte de la réflectivité du miroir M_R, de l'efficacité de diffraction, de la transmission des divers éléments optiques et de l'intégrale de recouvrement spatial du champ laser avec le champ rétro-injecté ; τ et Ψ sont respectivement le délai et le déphasage associés au chemin optique introduit par la rétro-injection.

Les équations (6.1–6.3) peuvent être simplifiées en supposant des pertes et des taux de pompage identiques pour les deux états propres, c'est à dire $\Gamma_x = \Gamma_y = \gamma$ et $P_x = P_y = P$. De plus, on peut négliger les termes de bruit : les simulations indiquent qu'ils ne jouent pas un rôle important dans la dynamique du système. Avec nos conditions expérimentales, la rétro-injection est vue comme instantanée par le laser. En effet sa dynamique propre évolue avec le temps caractéristique $1/f_R = 14\mu s$, ce qui est bien plus long que le délai de rétro-injection $\tau = 5.1$ ns. Cela nous permet de négliger également τ dans les équations (6.1–6.3) sans altérer le résultat des simulations [2].

Équations normalisées

On introduit maintenant les variables normalisées $\bar{E}_{x,y}$, $N_{x,y}$ et Δ :

$$\begin{aligned} E_x &= \bar{E}_x\sqrt{\frac{\gamma_{||}}{\zeta}}e^{2i\pi\nu_x t - i\psi} && (6.4)\\ E_y &= \bar{E}_y\sqrt{\frac{\gamma_{||}}{\zeta}}e^{2i\pi(\nu_x+2f_{AO})t} && (6.5)\\ n_{x,y} &= \frac{\gamma}{\kappa}N_{x,y} && (6.6)\\ \Delta &= \nu_y - \nu_x - 2f_{AO} && (6.7) \end{aligned}$$

On décompose également le champ électrique en intensité et en phase comme ceci $\bar{E}_{x,y} = \sqrt{I_{x,y}}e^{i\phi_{x,y}}$. Comme ϕ_x est constant les équations (6.4–6.7) se réduisent à :

2. Cette hypothèse a été vérifiée numériquement dans plusieurs cas typiques pour des valeurs du délai allant jusqu'à 30 ns. Au-delà de cette valeur qui correspond à $(100f_R)^{-1}$, les simulations indiquent que la plage d'accrochage est réduite, et disparait même complètement pour un délai $\tau = (2\pi f_R)^{-1}$.

$$\frac{1}{\gamma}\frac{dI_x}{dt} = [N_x + \beta N_y - 1]I_x, \tag{6.8}$$

$$\frac{1}{\gamma}\frac{dI_y}{dt} = [N_y + \beta N_x - 1]I_y + 4\pi K\sqrt{I_x I_y}\cos\Phi, \tag{6.9}$$

$$\frac{1}{\gamma}\frac{1}{2\pi}\frac{d\Phi}{dt} = \Delta - K\sqrt{\frac{I_x}{I_y}}\sin\Phi, \tag{6.10}$$

$$\frac{1}{\gamma}\frac{dN_{x,y}}{dt} = \varepsilon\left[r - (1 + I_{x,y} + \beta I_{y,x})N_{x,y}\right] \tag{6.11}$$

Où nous avons introduit l'intensité relative normalisée de rétro-injection $K = \gamma_e/2\pi\gamma = f_A/\gamma$ (où f_A est la "fréquence d'Adler"), le taux de pompage normalisé $r = \kappa P/\gamma$, ainsi que le facteur d'échelle $\varepsilon = \gamma_{||}/\gamma$. À noter que $\Phi = \psi_y - \phi_x$ est la phase de l'amplitude du champ $\bar{E}_y$, qui évolue lentement, relativement à la phase $2\pi(\nu_x + 2f_{AO})t$ du champ ré-injecté ; autrement dit, Φ peut aussi être vu comme la phase relative du battement oscillant à la fréquence $\Delta\nu_0$ et de la référence oscillant à $2f_{AO}$.

Changement d'échelle de temps

Les équations (6.8–6.11) vont nous permettre de confronter notre modèle aux mesures expérimentales, puisque nous avons accès expérimentalement aux intensités I_x et I_y ainsi qu'à la phase relative Φ. Pour toutes nos simulations numériques, nous considérons, cependant, le champ complexe. La raison en est double : tout d'abord, le terme en racine $\sqrt{I_y}$ au dénominateur de l'équation (6.10) devient problématique quand I_y devient petit ; deuxièmement, les équations (6.8–6.11) possèdent une limite singulière, i.e. elles ont une solution non-physique quand $\varepsilon \to 0$. Les deux problèmes sont résolus d'un tour-de-main en travaillant sur les champs complexes proprement normalisés et en utilisant l'échelle de temps normalisée $s = \Omega_R t$, où $\Omega_R = \sqrt{\gamma\gamma_{||}\left[r(1+\beta) - 1\right]}$ est la fréquence angulaire des oscillations de relaxation [20]. Les équations (6.1–6.3) sont alors récrites pour convenir à une intégration numérique :

$$\frac{de_x}{ds} = \frac{m_x + \beta m_y}{1+\beta}\frac{e_x}{2}, \qquad (6.12)$$

$$\frac{de_y}{ds} = \frac{m_y + \beta m_x}{1+\beta}\frac{e_y}{2} + i\Delta\Omega e_y + \frac{\gamma_e}{\Omega_R}e_x, \qquad (6.13)$$

$$\frac{dm_{x,y}}{ds} = 1 - \left(|e_{x,y}|^2 + \beta|e_{y,x}|^2\right) - \varepsilon' m_{x,y}\left[1 + (\eta - 1)(|e_{x,y}|^2 + \beta|e_{y,x}|^2)\right], \qquad (6.14)$$

Où $e = \bar{E}_{x,y}\sqrt{\gamma_{||}\gamma}/\Omega_R$, $N_{x,y} = \frac{1}{1+\beta}\left(1 + \frac{\Omega_R}{\gamma}m_{x,y}\right)$, $\eta = r(1+\beta)$, $\varepsilon' = \gamma_{||}/\Omega_R$, et $\Delta\Omega = 2\pi(\nu_y - \nu_x - 2f_{AO})/\Omega_R$.

À partir de ces équations, les séries temporelles et les spectres sont calculés en utilisant un algorithme Runge-Kutta d'ordre 4 à pas adaptatif. Les spectres sont obtenus en convoluant la transformée de Fourier des séries temporelles avec une fonction porte qui reproduit la résolution spectrale de notre analyseur de spectre électrique, qui varie de 1 Hz à 500 kHz, en fonction de la fenêtre de fréquence observée. Le tableau ci-dessous liste les valeurs des paramètres utilisés dans les simulations. Tous ces paramètres ont été expérimentalement mesurés. Le coefficient de saturation croisée β est mesuré en utilisant la technique décrite dans la référence [127], tandis que les autres paramètres sont déduits de l'article [118]. Le code source commenté de la simulation est reproduit dans l'annexe III.B.

Paramètre		valeur
Demie-vie de l'inversion de population	$1/\gamma_{\|\|}$	230 μs
Demie-vie des photons en cavité	$1/\gamma$	4,32 ns
Fréquence angulaire des oscillations de relaxation	Ω_R	4,49 10^5 rad/s
Coefficient de saturation croisée	β	0,6
Taux de pompage	η	1,2
Intensité relative de rétro-injection	γ_e	3,59 10^5 rad/s

6.2 Dynamiques d'intensité

Dans cette section on commence par donner un aperçu général de la dynamique d'intensité, puis nous regardons en détail chaque régime spécifique. À cette fin, on définit le diagramme de bifurcation de l'intensité, calculé numériquement, comme une fonction du paramètre de contrôle $\Delta\nu$. Le diagramme de bifurcation nous permet d'identifier clairement les régimes distincts, que nous étudions ensuite. Pour chaque cas, les résultats de la simulation sont comparés aux observations expérimentales.

6.2.1 Diagrammes de bifurcation

Les diagrammes de bifurcation, montrés dans la figure 6.2, sont obtenus de la manière suivante. Pour une valeur donnée de $\Delta\nu$, une série temporelle des grandeur I_x, I_y et $I_{xy} = |\bar{E}_x + \bar{E}_y|^2$ est calculée par l'intégration numérique des équations (6.13–6.14). Les extrema de la série temporelle pour un temps long sont extraits et représentés en fonction de $\Delta\nu$. En considérant $\bar{E}_{x,y}$ plutôt que $E_{x,y}$, on s'abstrait de la modulation rapide à 200 MHz (voir également les figures 6.3–6.8). Le paramètre $\Delta\nu$ est augmenté pas à pas, et la solution pour l'instant final d'une simulation sert de condition initiale à la simulation suivante, permettant ainsi de restreindre autant que possible le régime transitoire.

La figure 6.2 décrit le comportement de l'état propre "y" (a), de l'état propre "x" (b), et de leur battement (c). Quand $\Delta\nu$ est plus grand que $2f_R$, l'intensité de l'état propre "y" est lentement modulée à la fréquence de décalage de la rétro-injection $2f_{AO}$. De cette modulation résultent deux lignes d'extrema dans la figure 6.2(a). Il faut insister sur le fait que, même en l'absence d'une rétro-injection optique cohérente, l'état propre "x" est à son tour modulé (avec une amplitude de modulation moindre d'un ordre de grandeur). Cela est dû au couplage au sein du milieu, pris en compte par le paramètre β, ce qui implique que le système est substantiellement différent d'une configuration maître-esclave. Tandis qu'on réduit $\Delta\nu$ pour se rapprocher de $2f_R$, une bifurcation de doublement de période apparaît. L'amplitude de cette modulation sousharmonique croît à mesure que $\Delta\nu$ diminue, puis ressaute soudainement vers une modulation harmonique.

Proche de la résonance, c-à-d quand $\Delta\nu \approx f_R$, les deux états propres sont plus sensibles aux perturbations, et la modulation d'amplitude tend graduellement vers un régime pulsé, avec un taux de répétition de $\Delta\nu$ (voir la figure 6.6). Dans l'intervalle $f_A < \Delta\nu < f_R$, la dynamique d'intensité devient plus complexe. La densité spectrale de puissance occupe continument une large plage de fréquence, bien plus large que les fréquences caractéristiques f_A et f_R, ce qui suggère que le système est alors chaotique[3]. Enfin, en réduisant encore $\Delta\nu$, on tombe dans

3. Le spectre continu et la sensibilité aux conditions initiales sont les signatures communes du chaos, cependant le calcul des exposants de Lyapounov n'a pas abouti vu la complexité du système.

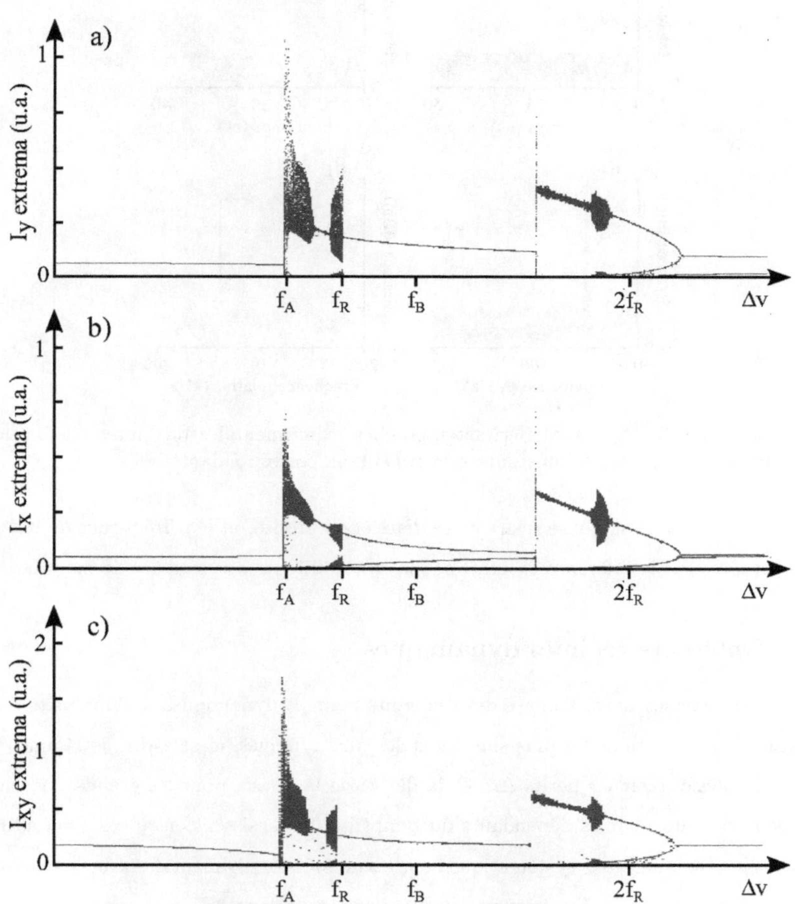

FIGURE 6.2 – Diagrammes de bifurcation simulés pour (a) $I_y = |E_y|^2$, (b) $I_x = |E_x|^2$, et (c) $I_{xy} = |E_x + E_y|^2$. Notons que les échelles sont différentes en ordonnée.

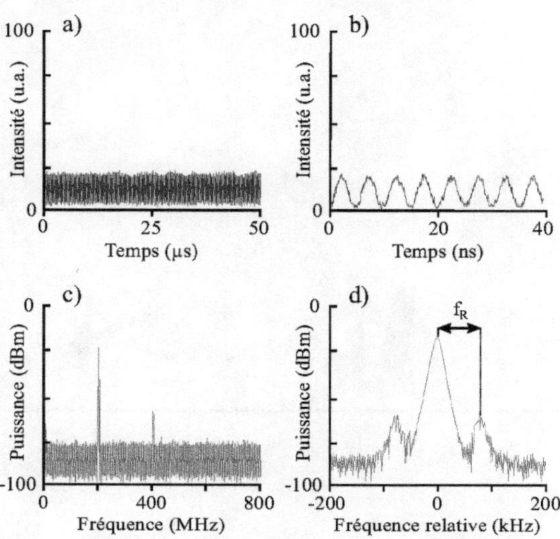

FIGURE 6.3 – $\Delta\nu < f_A$. (a–b) Séries temporelles expérimentales de l'intensité totale $I = |E_x + E_y|^2$. (c–d) Spectres de puissance expérimentaux correspondants.

l'intervalle $\Delta\nu < f_A$ où la phase relative des deux états propres et leur fréquence de battement sont verrouillées sur la référence externe, ce qui se traduit par une absence de modulation.

6.2.2 Différents régimes dynamiques

Nous commençons notre analyse des différents régimes dynamiques de l'intensité du laser par discuter des situations les plus simples et les plus typiques, c'est à dire le régime de verrouillage de phase, pour les petits $\Delta\nu$, et la dérive de la phase, pour les grands $\Delta\nu$. Ensuite, nous discuterons les régimes dépendants du temps qui apparaissent entre ces deux situations extrêmes. Nous comparerons systématiquement les données expérimentales avec les simulations de notre modèle théorique. Expérimentalement, nous contrôlons $\Delta\nu$ en changeant la fréquence f_{AO} du synthétiseur de radio-fréquence.

Verrouillage de phase

Si $\Delta\nu < f_A$, la fréquence de battement du laser en l'absence de réinjection $\Delta\nu_0 = \nu_y - \nu_x$ se verrouille sur la fréquence de commande $2f_{AO}$. L'intensité totale $I = |E_x + E_y|^2$ montre alors

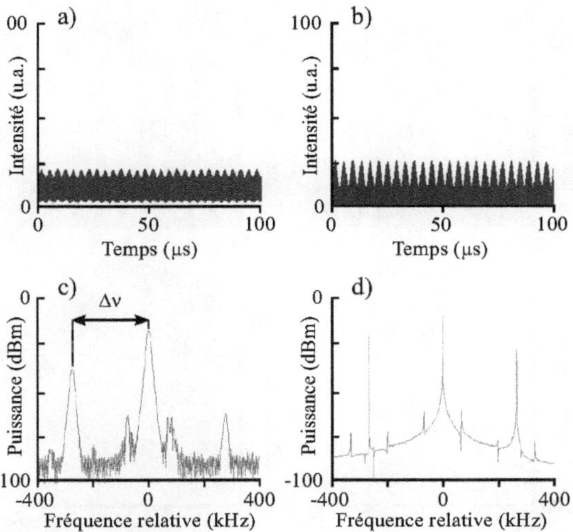

FIGURE 6.4 – $\Delta\nu = 3f_A$. Séries temporelles (a) expérimentale et (b) simulée de l'intensité totale $I = |E_x + E_y|^2$. Spectres de puissance (c) expérimental et (d) simulé. Les fréquences affichées sont relatives à $2f_{AO}$.

une oscillation purement sinusoïdale (figure 6.3(a–b)), dont le spectre de puissance consiste principalement en un pic à $2f_{AO}$. Le pic résiduel à 400 MHz est attribué à la rétro-injection non-résonante de l'état propre "x" sur l'état propre "y". Dans la figure 6.3(d) le pic d'oscillation de relaxation, dont l'intensité est à –40 dB du pic principal, est également visible. La largeur du pic de battement ne peut être résolue par notre analyseur de spectre électrique ; nous pouvons seulement affirmer qu'il est plus étroit que 1 Hz. Cela tend à démontrer que la stabilité du synthétiseur de radio-fréquence est efficacement transférée au battement optique. Ce résultat est en accord avec la simulation.

Dérive de la phase : battement modulé

Quand $\Delta\nu$ est grand devant f_A (typiquement dès que $\Delta\nu \geq 3f_A$), les deux oscillateurs gardent leur propres fréquences bien qu'ils soient couplés. Il en résulte que l'intensité détectée montre une modulation à la fréquence $\Delta\nu$, provenant du battement entre $\Delta\nu_0$ et $2f_{AO}$ (figure 6.4(a–b)). Les spectres, mesurés et simulés, montrés figure 6.4(c) et (d) respectivement, consistent en un pic à $2f_{AO}$ (la fréquence $2f_{AO}$ est prise comme origine des abscisses pour plus

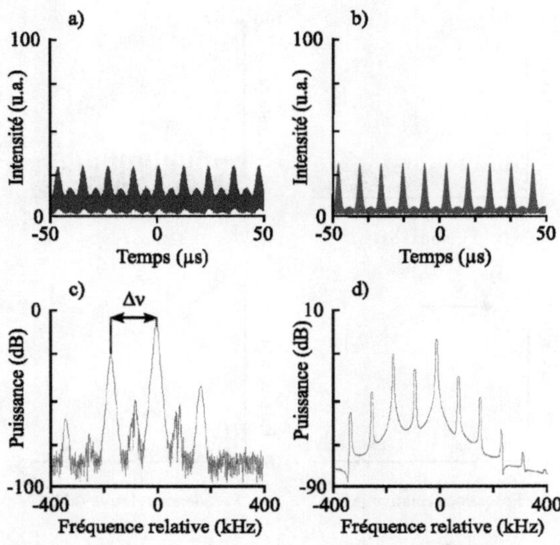

FIGURE 6.5 – (a) Apparition du doublement de période sur la modulation d'amplitude quand $\Delta\nu \approx 2f_R$. (b) Série temporelle simulée correspondante. Spectres de puissance (c) expérimental et (d) simulé.

de clarté), deux pics à $2f_{AO} \pm \Delta\nu$, ainsi que les pics d'oscillations de relaxation.

Doublement de période ($\Delta\nu \approx 2f_R$)

Quand $\Delta\nu$ est réduit par rapport au cas précédent, une bifurcation de doublement de période apparaît, comme le montre les séries temporelles expérimentales et simulées de la figure 6.5(a–b). Les spectres de puissance associés (figure 6.5(c–d)) nous permettent de comprendre que cette bifurcation se produit lorsqu'un pic d'oscillation de relaxation d'un mode commence à recouvrir le pic d'oscillation de relaxation de l'autre mode. Il y a un bon accord quantitatif entre modèle et expérience sur l'intervalle de $\Delta\nu$ pour lequel ce régime apparaît : le doublement de période s'observe expérimentalement entre $\Delta\nu = 1,5f_R$ et $\Delta\nu = 2,5f_R$, ce qui est à nouveau cohérent avec nos simulations (cf. les diagrammes de bifurcation présentés plus loin).

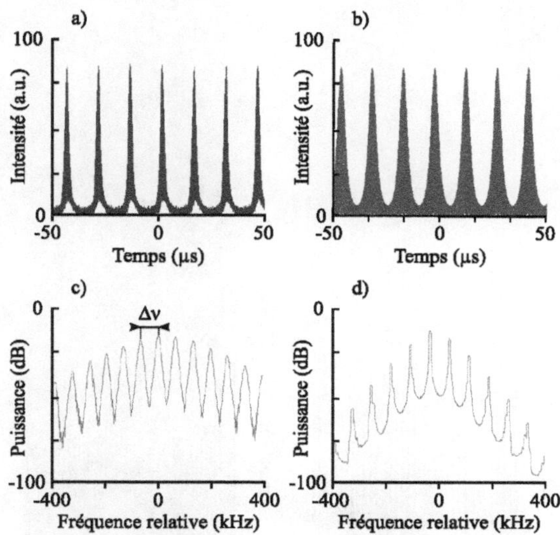

FIGURE 6.6 – $\Delta\nu = 1,05 f_R$. Séries temporelles (a) expérimentale et (b) simulée de l'intensité totale $I = |E_x + E_y|^2$. Spectres de puissance (c) expérimental et (d) simulé. Les fréquences affichées sont relatives à $2f_{AO}$.

Modulation résonante ($\Delta\nu \approx f_R$)

Quand $\Delta\nu \approx f_R$, la réponse résonante du mode injecté ("y") rend pulsée l'enveloppe de la modulation d'intensité du battement, avec un taux de répétition stable [4] égal à $\Delta\nu$ (figure 6.6).

Modulations basses fréquences et chaos ($f_A < \Delta\nu < f_R$)

Quand $\Delta\nu < f_R$, un régime périodique, pulsé, est observé. Il diffère du cas précédent par une modulation basse fréquence de l'intensité-crête des impulsions (figure 6.7), suggérant une bifurcation vers des oscillations quasi-périodiques. La modulation devient de plus en plus irrégulière à mesure que $\Delta\nu$ est encore rapproché de f_A, jusqu'à ce qu'un signal chaotique soit observé (figure 6.8).

Dans le chapitre suivant, on se consacre à l'étude de la phase relative des deux oscillateurs en fonction de la valeur $\Delta\nu$, et notamment à la synchronisation atypique des fréquences qui se produit sans accrochage de phase.

4. Ce qui n'est pas sans rappeler les expériences de LACOT [109].

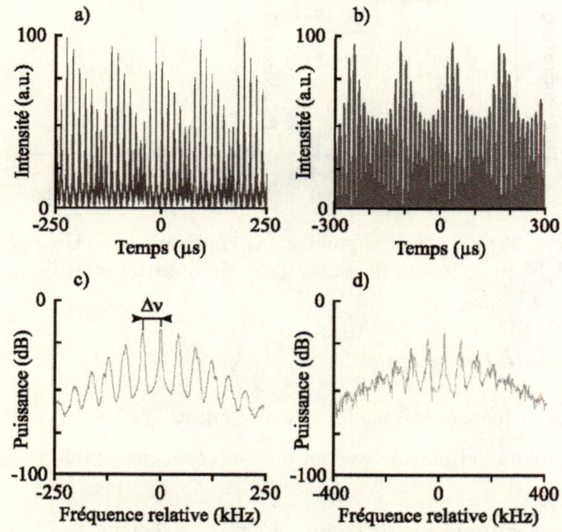

FIGURE 6.7 – $\Delta\nu = 0,88 f_R$. Séries temporelles (a) expérimentale et (b) simulée de l'intensité totale $I = |E_x + E_y|^2$. Spectres de puissance (c) expérimental et (d) simulé. Les fréquences affichées sont relatives à $2f_{AO}$.

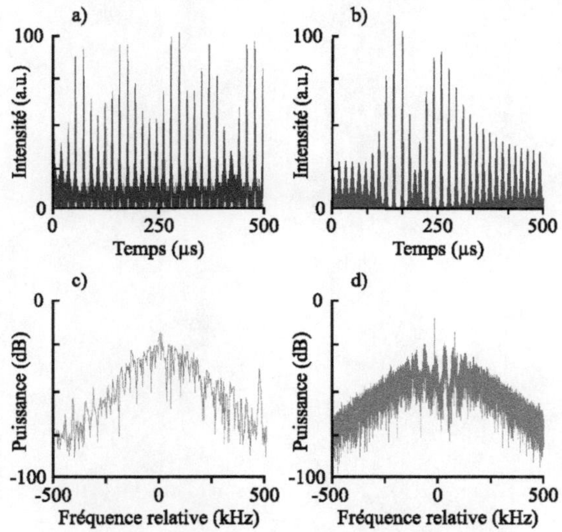

FIGURE 6.8 – $\Delta\nu = 0,85 f_R$. Séries temporelles (a) expérimentale et (b) simulée de l'intensité totale $I = |E_x + E_y|^2$. Spectres de puissance (c) expérimental et (d) simulé. Les fréquences affichées sont relatives à $2f_{AO}$.

Chapitre 7

Accrochage de fréquence sans accrochage de phase

Comme nous l'avons souligné dans l'introduction, la phase relative entre, d'une part, le battement des deux modes du laser et, d'autre part, la référence radio-fréquence externe, comporte des propriétés de synchronisation inhabituelles. Là encore les diagrammes de bifurcation nous serviront de support pour analyser la dynamique du système.

7.1 Diagramme de bifurcation

On obtient le diagramme de bifurcation pour la phase en intégrant les équations (6.13–6.14) puis en calculant Φ. Les extrema locaux X_Φ de la phase relative Φ sont affichés en fonction de $\Delta\nu$ sur la figure 7.1. Avant de discuter du diagramme lui-même, nous rappelons à fin de comparaison le comportement attendu d'un système gouverné par une équation d'Adler, ce qu'on obtient dans l'équation (6.10) si les variations d'intensité sont contrecarrées en imposant $I_x = I_y$ [125]. L'équation d'Adler s'écrit :

$$\frac{\dot{\Phi}}{2\pi} = \Delta\nu - f_A \sin\Phi. \tag{7.1}$$

Si $|\Delta\nu/f_A| \leq 1$, une solution stationnaire stable existe : la phase relative et les fréquences des deux oscillateurs sont verrouillées. Par opposition quand $|\Delta\nu/f_A| > 1$, les deux oscillateurs ne peuvent se synchroniser, et leur phase relative dérive indéfiniment au cours du temps.

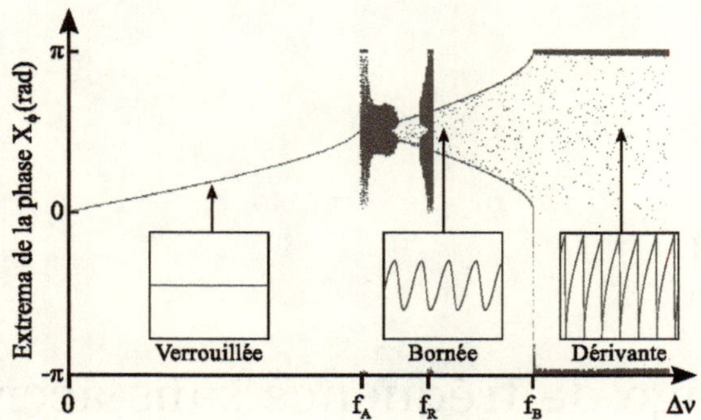

FIGURE 7.1 – Diagramme de bifurcation pour la phase Φ, calculé en fonction de $\Delta\nu$. Trois comportements qualitativement différents se distinguent : (a) $\Delta\nu < f_A$, verrouillage de phase ; (b) $f_A < \Delta\nu < f_B$, verrouillage de fréquence sans verrouillage de phase ; (c) $\Delta\nu > f_B$, dérive de la phase, correspondant au fait que chacun des deux oscillateurs conserve sa fréquence propre.

Au vu du diagramme de bifurcation, on note que l'équation d'Adler standard capture bien la dynamique du système quand $\Delta\nu \in [0; f_A]$. Dans cet intervalle, Φ est constant au cours du temps, si bien que les deux oscillateurs sont verrouillés en phase. En contraste avec le comportement standard décrit par l'équation (7.1), cependant, dans notre modèle la phase relative reste bornée au-delà de f_A jusqu'à une certaine valeur f_B de $\Delta\nu$ (à l'exception de deux régions étroites autour de $\Delta\nu = f_R$ et $\Delta\nu = f_A$). Cela implique que la fréquence moyenne du battement coïncide avec la fréquence de référence ; en d'autres mots, $f_A < \Delta\nu < f_B$ définit une région dans laquelle on a un verrouillage de fréquence sans verrouillage de phase. En situation d'accrochage la phase relative est indépendante du temps mais dépend de $\Delta\nu$; au contraire dans cette région la phase relative dépend du temps mais en moyenne les deux oscillateurs sont en quadrature de phase, quelque soit $\Delta\nu$.

Les oscillateurs décrochent complètement lorsque $\Delta\nu > f_B$. Puisque $\Phi(\mathrm{t})$ est numériquement restreinte à l'intervalle $[-\pi; \pi]$, une phase relative "décrochée", dérivante implique une série temporelle "en dents de scie" (voir les inserts de la figure 7.1), avec des sauts verticaux abrupts aux moments où $\Phi(\mathrm{t})$ atteint la valeur de π. En conséquence, les valeurs $-\pi$ et π apparaissent comme des extrema locaux dans les séries temporelles quand la phase n'est plus bornée.

Dans la figure 7.2, nous reproduisons les diagrammes de bifurcation pour l'intensité et la phase : on note que même si les dynamiques des intensités et de la phase sont couplées, la séquence des bifurcation n'est pas la même. En effet, tandis que $\Delta\nu = f_A$ est un point de

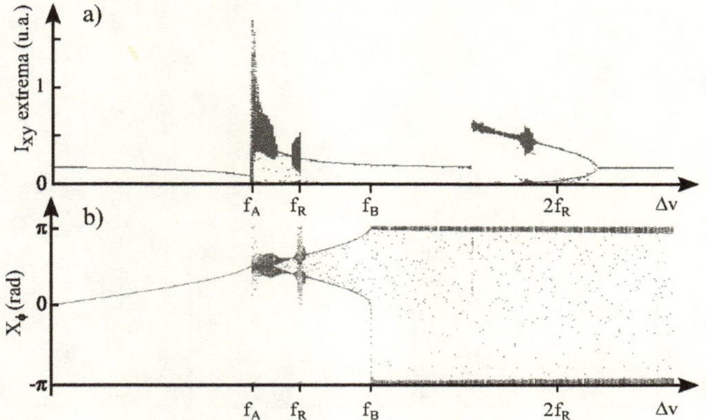

FIGURE 7.2 – Mise en parallèle des diagrammes des (a) intensités et (b) phase relative des deux états propres.

bifurcation à la fois pour les intensités et la phase, en $\Delta\nu = f_B$, où la phase devient non-bornée, aucune bifurcation ne se produit pour les intensités. Nous reviendrons sur ce point plus tard. Par ailleurs, la bifurcation menant à un doublement de période de la modulation d'intensité, autour de $\Delta\nu \approx 2f_R$, ne produit aucune signature particulière sur la dynamique de phase, car le décrochement de la phase s'est déjà produit [128].

7.2 Comparaison avec l'expérience

Notre montage expérimental nous permet de mesurer directement la phase relative Φ. À cette fin, on fait interférer les états propres E_x et E_y sur une photodiode rapide placée derrière un polariseur. Si la fréquence ν_y est verrouillée sur $\nu_x + 2f_{AO}$, on s'attend à ce que le signal de battement $I(t)$ contienne une oscillation rapide à $2f_{AO}$, verrouillée en phase sur la seconde harmonique du signal radio-fréquence commandant la cellule de Bragg.

En fonction de $\Delta\nu$, les oscillations à $2f_{AO}$ peuvent être fortement modulées par les fluctuations lentes d'intensité qui apparaissent sur une échelle de temps relativement longue – $1/f_R$. Ainsi, la mesure de la phase Φ du signal d'interférence, vis-à-vis de la seconde harmonique du signal RF, nous donne accès à la phase du champ E_y par rapport à la phase du champ rétro-injecté, et décalé en fréquence, E_x. En utilisant un oscilloscope rapide (4×10^{10} échantillons/s), nous sommes capable d'obtenir des histogrammes de la phase relative Φ entre le signal pro-

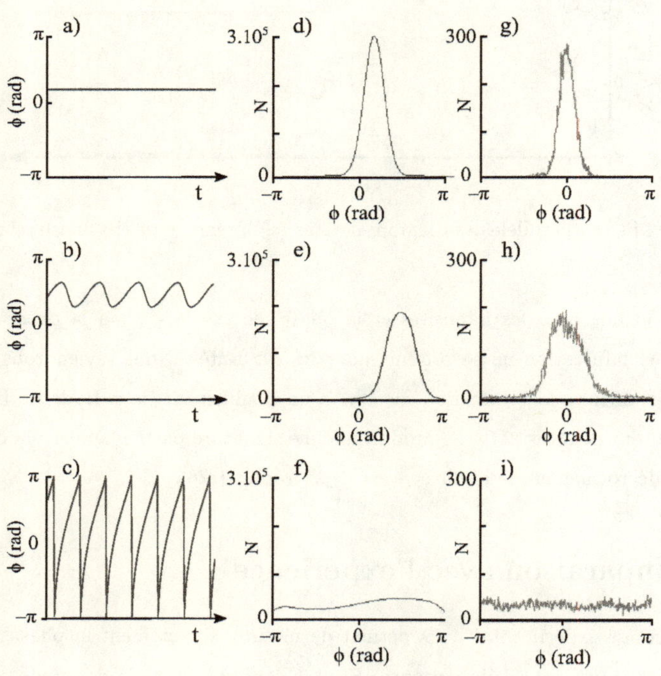

FIGURE 7.3 – Séries temporelles simulées de la phase relative Φ pour (a) $\Delta\nu = 0,3f_A$ (phase verrouillée), (b) $\Delta\nu = 1,33f_A$ (phase bornée) et (c) $\Delta\nu = 3,2f_A > f_B$ (phase décrochée). Histogrammes simulés de la phase Φ pour les cas (d) verrouillé, (e) bornée et (f) décroché. (g,h,i) Histogrammes expérimentaux correspondant. Les histogrammes (g) et (h) ont été centrés sur zéro, car la valeur moyenne de Φ ne peut être mesurée avec notre arrangement expérimental.

venant de la photodiode et le synthétiseur radio-fréquence. Chaque mesure de la phase Φ est obtenue en moyennant la phase "instantanée" sur 100 périodes, soit un temps d'acquisition de 500 ns ; chaque histogramme cumule 5000 mesures de la phase. Les données brutes sont présentées dans la figure 7.3(g,h,i), et sont mis en regard des histogrammes calculés (d,e,f) à partir des séries temporelles simulées (a,b,c).

La figure 7.3(g) est un histogramme de la phase quand $\Delta\nu = 0,3f_A$, au sein de la plage d'accrochage *d'Adler*. On obtient un pic relativement étroit, dont la largeur est en accord avec la mesure (indépendante) de la lente dérive de fréquence du champ laser, qui est égale à 0,4 kHz/s. Ce bruit est dû aux artefacts expérimentaux (contraintes mécaniques et dérive erratique de la longueur de la diode de pompe). Notez que l'histogramme de la série temporelle (a) devrait être une parfaite fonction delta de Dirac. Dans le but de correspondre aux résultats expérimentaux, nous avons convolué l'histogramme obtenu par les équations d'évolution déterministes (c'est-à-dire sans termes de bruit) avec une distribution gaussienne, dont l'écart-type ($-\pi/12$) est choisi de manière à ce que l'histogramme convolué se superpose au mieux avec l'histogramme expérimental. Les figures 7.3(e,h) montrent les histogrammes calculés et expérimentaux pour $\Delta\nu = 1,33f_A$, dans la région de phase bornée. L'histogramme expérimental est plus large que dans la figure 7.3(g), mais il montre néanmoins que la phase relative reste dans une région bornée de l'intervalle $[-\pi;\pi]$, ce qui indique que le phénomène de synchronisation persiste au-delà de f_A. On remarque que, sans inclure les termes de bruit, la série temporelle de la figure 7.3(b) produit un histogramme à deux pics pour la phase bornée. Quand cet histogramme est convolué avec la distribution normale précédemment déduite (sans en changer l'écart-type), un bon accord avec l'histogramme expérimental est trouvé. Enfin, pour $\Delta\nu = 3,2f_A$, bien au-delà de la plage d'accrochage d'Adler, la phase relative dérive, ce qui résulte en un histogramme plat (figures 7.3(c,f,i)).

Dans la figure 7.4 nous comparons la valeur mesurée de l'écart-type σ_Φ de Φ à la valeur trouvée par les simulations, en fonction de $\Delta\nu$. La théorie et l'expérience montre un bon accord ; l'évolution générale de la courbe théorique est bien reproduite, de même que le comportement autour des fréquences caractéristiques f_A et f_R. Les points expérimentaux sont obtenus à partir d'histogrammes tels que ceux présentés figure 7.3. L'existence et les limites de l'intervalle de la synchronisation de fréquence moyenne jusqu'à f_B et au-delà de la plage d'accrochage de phase f_A sont mis en évidence. La valeur expérimentale trouvée f_B est elle aussi en très bon accord

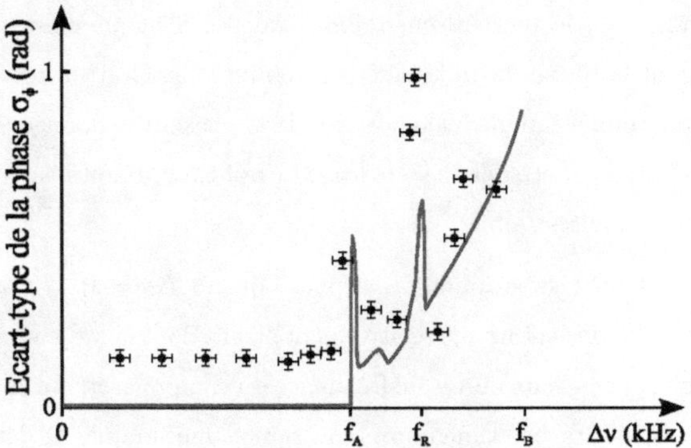

FIGURE 7.4 – Écart-type σ_Φ de la phase Φ en fonction de $\Delta\nu$. Trait plein : intégration numérique. Points : données expérimentales. Les écart-types sont calculés sur des séries temporelles d'une durée de T = 2,5 ms. Notez qu'aucun point expérimental ne figure passé f_N, simplement parce que les histogrammes associés sont plats (voir la figure 7.3(c)).

avec nos simulations.

7.3 Discussion

7.3.1 Fréquence-borne f_B

En comparant les diagrammes de bifurcation pour les intensités et celui pour la phase, on ne note aucun changement dans les intensités quand $\Delta\nu$ est proche de f_B. On peut cependant se rendre compte de la transition phase bornée/phase décrochée en examinant les parties réelles et imaginaires du champ E_y, qui, mises ensemble, contiennent l'information sur la phase (figure 7.5).

Dans les trois graphes (a,c,e), on note que la trajectoire du vecteur E_y, bien que complexe, ne fait jamais le tour complet de l'origine. Ces trois cas correspondent donc à une situation où la phase reste bornée. À l'opposé, dans les trois figures de droite (b,d,f), la trajectoire de E_y encercle complètement l'origine, ce qui signifie que la phase parcourt tout l'intervalle $[-\pi; \pi]$, c'est à dire qu'elle n'est plus bornée.

f_B est la valeur de $\Delta\nu$ pour laquelle la trajectoire passe par l'origine [128, 129]. Aucune bifurcation ne se produit pour cette valeur de $\Delta\nu$, ni aucune signature dans la dynamique d'intensité. Ce genre de graphe en plan complexe est également accessible expérimentalement, comme l'ont montré récemment KELLEHER *et al.* [130, 131] en utilisant des techniques d'interférométrie issues du domaine radio. Soulignons que ces travaux ont également mis en évidence l'existence d'une dynamique de type phase bornée dans les lasers à semiconducteurs injectés.

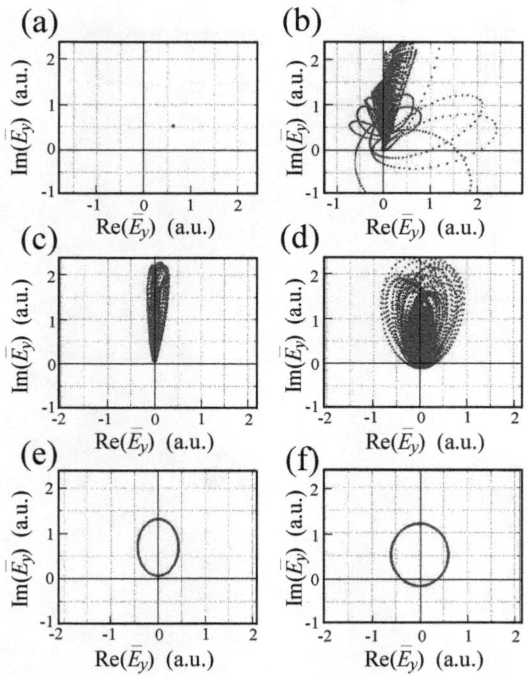

FIGURE 7.5 – Trajectoire du vecteur $\bar{E}_y$ au cours du temps, dans le plan $Re\{\bar{E}_y\}$, $Im\{\bar{E}_y\}$, pour différentes valeurs de $\Delta\nu$: (a) $\Delta\nu = 0$, (b) $\Delta\nu = 0,81 f_R$, (c) $\Delta\nu = 0,85 f_R$, (d) $\Delta\nu = f_R$, (e) $\Delta\nu = 1,2 f_R$, (f) $\Delta\nu = 1,5 f_R$.

7.3.2 Rôle du couplage β

Dans notre montage expérimental, le champ E_x décalé en fréquence est optiquement injecté dans le champ E_y. Ce couplage cohérent n'est pas pas le seul du système, puisque les deux modes propres du laser sont également couplés (de manière cette fois incohérente) par la saturation croisée du gain, que prend en compte le paramètre β.

Dans la figure 7.6, on montre le diagramme de bifurcation simulé pour le cas $\beta = 0$. Dans cette situation, E_x et n_x sont complètement découplés des autres variables et le système se résume alors au problème abondamment étudié des lasers soumis à une injection optique [129].

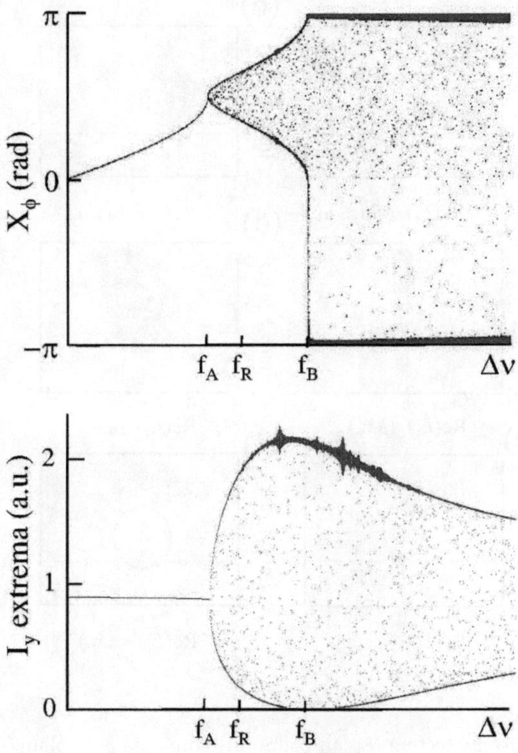

FIGURE 7.6 – Diagramme de bifurcation pour $\beta = 0$.

Dans ce cas, plus simple, l'état stationnaire rencontre une bifurcation de Hopf lisse à la limite du verrouillage de phase $\Delta\nu = f_A$, et une branche de solution dépendante du temps, où la phase est bornée, et qui apparaît pour $f_A < \Delta\nu < f_B$. En comparant ce diagramme de bifurcation à celui de la figure 7.2, on note que le paramètre β est responsable des bifurcations d'ordre élevés au voisinage de f_A et f_R.

Lien avec l'intensité de ré-injection γ_e

Dans un soucis de comparaison, revenons un instant à la seconde partie du manuscrit où nous étions dans une situation d'injection forte mais non-résonante ($\gamma_e \gg f_R$), et où le couplage incohérent via le milieu actif ne semblait pas perturber la dynamique de phase du système. La figure 7.7(a) montre la répartition et la taille relative des plages d'accrochage (zone coloré en vert), et de phase bornée (en rouge) en fonction de l'intensité relative γ_e de la ré-injection et du désaccord de fréquence $\Delta\nu$ entre les deux oscillateurs. On voit qu'en régime d'injection forte la plage de phase bornée existe toujours au-delà de la plage d'accrochage classique, et qu'elle a une forme simple qu'on peut écrire $f_B \approx \sqrt{2} f_A$ déjà trouvée par Wieczoreck pour les lasers à semi-conducteurs injectés [128]. Nos simulations indiquent que cette valeur est indépendante de β.

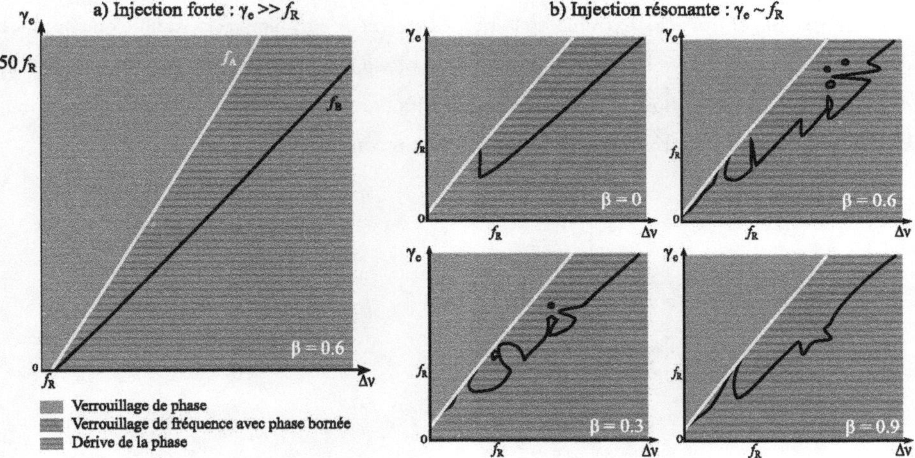

FIGURE 7.7 – Répartition et taille relative des plages d'accrochage (en vert), et de phase bornée (en rouge) en fonction de l'intensité relative γ_e de la ré-injection : (a) quand γ_e est grand devant f_R et où $f_B \approx \sqrt{2} f_A$ quelque soit β ; (b) quand γ_e est de l'ordre de f_R et où la répartition dépend de β.

Revenons maintenant à la ré-injection résonante ($\gamma_e \approx f_R$). La figure 7.7(b) montre la répartition pour différentes valeurs de β des plages d'accrochage et de phases bornées en fonction des paramètres γ_e et $\Delta\nu$. La figure 7.7(b) est en réalité un zoom près de l'origine de la figure 7.7(a). Contrairement à l'injection forte, on voit qu'en injection résonante, la forme de la plage de phase bornée n'est plus triviale et qu'elle dépend étroitement de la valeur de β. Dans les situations extrêmes où β tend vers 0 ou vers 1, les simulations montrent que la plage de phase bornée n'existe que pour $\Delta\nu \geq f_R$, et que sa taille tend rapidement vers la limite $f_B \approx \sqrt{2} f_A$. Au contraire quand β prend une valeur intermédiaire, ce qui est le cas expérimental discuté dans cette thèse ($\beta_{exp} = 0,6$), la zone de phase bornée se complexifie et peut même contenir des "trous" dans l'espace des paramètres (γ_e, $\Delta\nu$) où la phase relative dérive. Bien que le comportement de la phase soit déterministe, aucune expression simple ne permet de décrire la forme de la zone de phase bornée.

Ces diagrammes zonés ont été obtenus en calculant pour chaque valeur de γ_e un diagramme de bifurcation des extrema de la phase en fonction de $\Delta\nu$. Pour chaque couple de paramètres (γ_e, $\Delta\nu$), une couleur est attribuée : si les extrema de la phase sont répartis dans un intervalle inférieur à 10^{-2} radians, on suppose la phase fixe et donc verrouillée sur la référence externe (en vert). Si au contraire les extrema de la phase atteignent $\pm\pi$, alors cela signifie que la phase dérive (en bleu). Dans les autres situations, où la phase n'est ni fixe ni dérivante, on se situe dans une zone de phase bornée (en rouge). Les traits jaunes et noirs qui servent de guide pour l'œil correspondent aux frontières entre les différentes zones.

Conclusion de la troisième partie

Dans cette dernière partie, nous avons fait l'étude systématique, expérimentale et théorique, des dynamiques d'un laser bi-fréquence dans lequel les deux modes propres sont couplés par une ré-injection optique décalée en fréquence, résonante avec la fréquence des oscillations de relaxation du laser.

Un modèle bi-mode d'équations de flux, complété par un terme décrivant la ré-injection optique, a été utilisé pour interpréter les résultats expérimentaux. En particulier, le modèle prédit l'existence d'une plage de verrouillage de phase, d'une plage de verrouillage de fréquence sans verrouillage de phase. Il prédit également leur étendue, ainsi que les dynamiques d'intensité, telles que, par exemple, la modulation résonante, le chaos ou doublement de période. Compte tenu de la complexité de l'ensemble de la dynamique, l'accord obtenu entre les prédictions théoriques et les expériences est tout à fait remarquable, et valide les hypothèses sur lesquelles le modèle a été construit.

Dans notre système, la ré-injection optique fournit un couplage cohérent entre les deux modes. En outre, ils sont également couplés de manière incohérente par l'intermédiaire de la saturation croisée dans le milieu actif. Nous avons étudié l'effet de ce second couplage numériquement en comparant les diagrammes de bifurcation avec ou sans ce couplage incohérent. Nous montrons que ce dernier est responsable de bifurcations d'ordre supérieur conduisant au régime chaotique observé au voisinage de la plage d'accrochage.

On peut noter que, même si le caractère résonant de la ré-injection rend plus facile la transition entre verrouillage de phase et régime de phase bornée (à cause de son effet considérable sur la dynamique d'intensité dès lors que $\Delta\nu$ dépasse la "fréquence d'Adler" f_A), le verrouillage de fréquence sans verrouillage de phase est cependant un type de synchronisation universel. Par exemple, il apparait dans les oscillateurs de van der Pol couplés [132] ou dans les solitons couplés en cavité [133, 134], et ne nécessite pas l'existence d'une résonance dans le système dynamique [131].

Ce travail trouve une extension naturelle avec les lasers à semi-conducteurs comme par exemple les VECSELs bi-fréquence [135]. Deux caractéristiques des lasers à semi-conducteurs devraient être prises en compte. D'une part, ceux-ci présentent un couplage amplitude/phase intrinsèque, le facteur d'Henry, qui est de nature différente de ceux déjà discutés. D'autre part, les lasers à semi-conducteurs ont des temps caractéristiques beaucoup plus courts que les lasers solides pompés par diode, ce qui nous interdirait de négliger le délai de ré-injection [136, 20].

Conclusion générale et perspectives

Cette étude fut tout autant motivée par la recherche d'une plus grande stabilité de la fréquence de battement, en vue d'applications concrètes, que par l'intérêt fondamental pour la dynamique des lasers. Elle apporte plusieurs résultats théoriques et expérimentaux à l'étude de l'accrochage de fréquence dans les lasers vectoriels à état solide. Plusieurs mécanismes d'accrochage originaux ont été mis en évidence qui font intervenir soit une propriété du laser lui-même, soit un oscillateur externe qui sert de référence, ou bien les deux à la fois :

— Le premier type d'accrochage que nous avons mis en œuvre utilise un miroir du laser à réflectivité saturable, le SESAM, pour favoriser le verrouillage en phase de nombreux modes longitudinaux et ainsi obtenir un peigne stable de fréquence, seulement limité par la bande de gain du milieu actif, le Nd:YAG. Pour la première fois dans un laser à état solide, nous avons pu obtenir simultanément deux peignes de fréquence, chacun porté par l'un des états propres du laser. Comme dans les lasers bi-fréquences fonctionnant en régime continu ou déclenché, la fréquence relative $\Delta\nu$ des deux peignes est stable et ajustable continument sur une grande plage de fréquence. Une conséquence intéressante est que l'état de polarisation des impulsions en sortie du laser forme des séquences contrôlables. Mieux encore, lorsque les deux peignes de fréquences sont disposés en quinconce, ils se verrouillent l'un sur l'autre : en plus d'être une façon d'améliorer la stabilité du battement, cela permet de mesurer et de modifier *expérimentalement* la phase relative du battement par rapport à la modulation d'amplitude des impulsions Ψ. L'état de polarisation de chaque impulsion en sortie du laser s'écrit simplement dans le formalisme des matrices de Jones en discrétisant temporellement le champ qui ne dépend plus alors que des paramètres Ψ, $\Delta\nu$ et f_{rep}. Ce régime de verrouillage de mode bi-polarisation pourrait être étendu aux lasers femtosecondes [137]. Il pourrait également trouver des applications comme, par exemple, l'analyse des biréfringences transitoires [138] ou de la dynamique des trous lourds et légers dans les lasers à puits quantiques multiples [139], ou bien encore servir de contrôle optique des moteurs moléculaires chiraux [140, 141]. Par ailleurs, porté aux lasers femtosecondes, ce type de laser offre une alternative aux expériences de façonnage de polarisation d'impulsions [142], et permettrait de manière élégante de déclencher des évènements sub-femtoseconde en jouant sur la légère variation de la polarisation au sein d'une impulsion [143].

— Le second type d'accrochage correspond à un régime de synchronisation. Il utilise un oscillateur externe comme référence de fréquence pour le battement du laser Nd:YAG. En utilisant une ré-injection décalée en fréquence, on a été capable d'asservir la fréquence de battement sur la référence sans utiliser une boucle de contre-réaction électro-optique, et en transférant efficacement la stabilité de la référence sur la fréquence de battement, ce qui est ici possible, car on a un couplage cohérent des deux oscillateurs. On obtient ce résultat aussi bien en régime continu qu'en régime déclenché en insérant un absorbant saturable Cr:YAG dans la cavité. Une expression analytique du désaccord maximal de fréquence pour lequel cette synchronisation est trouvée à partir d'un modèle simple d'équations de flux du type Lang-Kobayashi. Dans le cas continu, l'accord de cette prédiction avec les résultats expérimentaux est très bon. Dans le cas déclenché, on trouve expérimentalement et numériquement une plage d'accrochage réduite par rapport au cas continu. L'intérêt du régime déclenché est de pouvoir produire un train d'impulsion contenant une fréquence de battement unique et cohérente d'impulsion en impulsion, et ce bien que le laser s'éteigne entre deux impulsions.

— Un troisième type de synchronisation reprend le système de ré-injection décalée en fréquence et profite de la fréquence de résonance intrinsèque du laser f_R. De cette manière, au-delà de la plage d'accrochage trouvée précédemment, une autre zone apparait où les fréquences moyennes du battement et de la référence sont synchronisées bien que leur phase relative oscille au cours du temps. C'est la première fois que ce type de verrouillage a été observé dans un laser solide. Au-delà du phénomène de synchronisation, le système sollicité à sa fréquence de résonance exhibe des dynamiques d'intensités variées qui mettent en évidence le couplage phase/intensité. La dynamique du laser est également affectée par un second couplage des deux états propres du laser, cette fois *incohérent*, via l'inversion de population. Numériquement, nous avons montré que ce couplage n'est pas nécessaire au verrouillage de fréquences sans verrouillage de phase, mais qu'en revanche il modifie grandement la plage de désaccord de fréquence où on l'observe. De même le couplage incohérent dû au milieu actif affecte les dynamiques d'intensité du laser. On a récrit le modèle qui avait expliqué la synchronisation dans le cas de la ré-injection non-résonante en prenant comme échelle de temps celle des oscillations de relaxation. De cette manière, on est capable de reproduire toutes les dynamiques de phase et d'intensité, et ce avec un bon accord quantitatif.

De ces résultats découlent plusieurs idées d'applications concrètes de ces phénomènes de synchronisation ; mais vont également de pair avec des questions plus fondamentales qui dépassent le cadre des lasers bi-fréquence, des lasers à état solide, voire même le cadre des lasers :

— Le battement cohérent au long d'un train d'impulsion, obtenu avec le laser bi-fréquence soumis à une ré-injection décalée en fréquence, permettrait de réaliser un lidar-radar avec un rapport signal à bruit amélioré. En effet la cohérence du battement permettrait d'accumuler les échos d'un plus grand nombre d'impulsions sans dégrader le signal utile (par exemple un décalage Doppler), et tout en conservant une oscillation impulsionelle.

— Dans la troisième partie du manuscrit, nous avons montré un battement cohérent présentant une sur-modulation d'amplitude pulsée et chaotique. Appliquée à un lidar-radar, cela permettrait une mesure non-ambigüe de distance puisque la fonction de corrélation de l'écho radar avec le signal envoyé est une fonction delta de Dirac, contrairement à un signal pulsé périodique, qui ne permet une mesure de temps de vol que *modulo* l'inverse de la périodicité du signal envoyé [144].

— Si le laser, et en particulier le laser bi-fréquence à état solide, est un outil privilégié pour étudier la dynamique des systèmes non-linéaires, les propriétés de synchronisation, de même que les dynamiques d'intensités qui les accompagnent, ne sont pas propres aux lasers, et ont presque toutes été observées en biologie, en électronique ou encore en mécanique. En revanche, le verrouillage de fréquence sans verrouillage de phase est une dynamique qui n'avait pour l'instant pas été isolée dans les lasers. La curiosité nous pousse à essayer de retrouver ce comportement dans d'autres lasers que les lasers à état solide, en particulier les lasers à semi-conducteurs ou les VECSELs, qui présentent également une fréquence de résonance, mais dans la gamme du GHz. Bien que la résonance intrinsèque ne soit a priori pas indispensable, elle peut faciliter l'apparition de ce comportement, comme dans le laser que nous avons décrit dans la partie III. Toutefois l'étude pour ces lasers se révèlerait plus complexe, puisque le délai de la ré-injection ne pourrait plus être négligé.

— La curiosité nous pousse également à nous demander ce qu'il adviendrait pour notre laser à état solide soumis à une ré-injection décalée en fréquence si la cavité de ré-injection était beaucoup plus longue et où le délai de ré-injection ne serait plus négligeable. Ce genre de système est connu pour la richesse de ses dynamiques [123]. Le modèle développé pour la partie II, où le délai n'est pas négligé, pourrait être récrit dans le cas résonant de la partie III. On se retrouverait dans une situation où, en plus du désaccord $\Delta\nu$ et de la fréquence de résonance f_R, interviendrait une troisième grandeur liée au délai de ré-injection. Comment le délai affecterait les dynamiques de synchronisation que nous avons observés est une question que seul le manque de temps nous a empêché d'étudier.

— À cause de son isotropie, nous avons choisi le Nd:YAG pour monter le laser bi-polarisation en verrouillage de mode présenté dans la partie I. Toutefois la longueur des impulsions, de l'ordre de la pico-seconde, est limitée par la relativement faible largeur de gain du Néodyme. On peut légitimement se demander si le double peigne de fréquence ainsi que l'accrochage des deux peignes en quinconce pourrait également être observé dans des lasers solides avec des largeurs de gain plus importante comme le Titane:Saphir. Cependant plusieurs questions se posent alors : en verrouillage de mode et compte tenu des effets non-linéaires du Ti:Saphir, les états propres peuvent-ils osciller simultanément ? Sont-ils ceux prédit par le formalisme de Jones ? Est-ce que la largeur de la plage d'accrochage des deux peignes en quinconce, observé dans le Nd:YAG, est affectée ? Par ailleurs, en régime femtoseconde, la dispersion chromatique ne peut plus être négligée, or les mécanismes habituels pour annuler cette dispersion, comme par exemple un couple de prisme, ne préservent pas la polarisation, ce qui pourrait être problématique.

— Enfin, le SESAM émet de manière synchrone les trains d'impulsions portés par les deux états propres du laser bi-polarisation, bien que les chemins optiques associés soient différents. Le mécanisme qui le permet n'est pour l'instant pas bien compris, et il doit notamment être différent de celui invoqué par Cundiff en régime solitonique.

Finalement, nous espérons avoir convaincu le lecteur que les lasers bi-fréquence, dans lesquels toutes les propriétés de la lumière jouent un rôle, sont un outil puissant d'analyse des systèmes non-linéaires. Nous croyons qu'ils ont un réel potentiel dans la génération de fréquence ultra-stable, y compris dans des gammes de fréquence que l'électronique ne sait aujourd'hui pas atteindre. Les mécanismes de synchronisation que nous avons proposés ici ne peuvent dans tous les cas qu'avancer vers ce but.

Annexe A

Calcul de la fréquence des oscillations de relaxation et d'antiphase

Considérons un laser de classe B sans anisotropie de gain ou de perte ($\Gamma_{x,y} = \Gamma$). Un laser de classe B signifie que le temps de vie des photons dans la cavité est très court comparé au temps de vie de l'inversion de population. Dans ce cas, si l'intensité est écartée de son état stationnaire, elle y retourne progressivement. Ce retour s'accompagne d'oscillations dites de *relaxation*, dont l'amplitude décroit exponentiellement. Toutefois, les différents bruits auxquels le laser est soumis en pratique écarte en permanence l'intensité du champ laser de son état d'équilibre, si bien que les oscillations de relaxations sont auto-entretenues. Par ailleurs lorsque deux oscillateurs identiques sont couplés, les variations relatives de leur amplitude ne sont pas synchrones, mais ont au contraire tendance à osciller en opposition de phase. Cette "fréquence d'antiphase" est toujours une fraction de la fréquence des oscillations de relaxation. Ces deux fréquences sont des caractéristiques essentielles des lasers bipolarisation, c'est pourquoi nous rappelons leur calcul dans le cas des lasers solides à Néodyme.

Commençons par rappeler les équations d'évolution gouvernant les intensités $I_{x,y}$ et les inversions de population $n_{x,y}$ associées aux deux états propres d'un laser solide bipolarisation :

$$\frac{dI_{x,y}}{dt} = \left[\kappa\left(n_x + \beta n_y\right) - \Gamma_{x,y}\right] I_{x,y} \tag{A.1}$$

$$\frac{dn_{x,y}}{dt} = \gamma_{||} P_{x,y} - \left[\gamma_{||} + \zeta\left(I_x + \beta I_y\right)\right] n_{x,y} \tag{A.2}$$

Au seuil, c'est à dire lorsque le gain est rigoureusement égal aux pertes, on a $I_{x,y} = 0$ et les éq. (A.1–A.2) nous indique que l'inversion de population tend vers un état stationnaire $n_{x,y} = P_{x,y}$.

Quand on dépasse le seuil, les états stationnaires ($\bar{I}_{x,y}$,$\bar{n}_{x,y}$) sont donnés par :

$$\begin{pmatrix} \bar{n}_{x,y} + \beta\bar{n}_{y,x} & = & \frac{\Gamma_{x,y}}{\kappa} \\ \bar{I}_{x,y} + \beta\bar{I}_{y,x} & = & \frac{\gamma_{||}}{\zeta}\left(\frac{P_{x,y}}{\bar{n}_{x,y}} - 1\right) \end{pmatrix} \quad ou \quad I_{x,y} = 0 \tag{A.3}$$

Faisons maintenant l'hypothèse forte que notre laser est rigoureusement isotrope, c'est à dire que $P_x = P_y = P$ et $\Gamma_x = \Gamma_y = \Gamma$. On en déduit facilement qu'alors $\bar{n}_x = \bar{n}_y = \bar{n}$ et que $\bar{I}_x = \bar{I}_y = \bar{I}$. Les états stationnaires calculés précédemment deviennent donc :

$$\bar{n} = \frac{\Gamma}{\kappa(1+\beta)} \tag{A.4}$$

$$\bar{I} = \frac{\gamma_{||}}{\zeta(1+\beta)}\left(\frac{P}{\bar{n}} - 1\right) \tag{A.5}$$

Faisons maintenant une analyse de stabilité linaire, en supposant que notre laser s'écarte un petit peu de l'état stationnaire ($\bar{I}$,$\bar{n}$) :

$$I_{x,y} = \bar{I} + \Delta I_{x,y} = \bar{I} + \delta I_{x,y}\, e^{i\omega t} \tag{A.6}$$

$$I_{x,y} = \bar{n} + \Delta n_{x,y} = \bar{n} + \delta n_{x,y}\, e^{i\omega t} \tag{A.7}$$

On trouve alors que :

$$-i\omega\Delta n_{x,y} = \gamma_{||}P_{x,y} - \left(\frac{\gamma_{||}P_{x,y}}{\bar{n}} + \zeta\left(\Delta I_{x,y} + \beta\Delta I_{y,x}\right)\right)(\bar{n} + \Delta n_{x,y}) \tag{A.8}$$

Et profitant du fait que $\Delta n \ll \bar{n}$:

$$-i\omega\Delta n_{x,y} = \zeta\left(\Delta I_{x,y} + \beta\delta I_{y,x}\right)(\bar{n} + \Delta n_{x,y}) \tag{A.9}$$

On cherche les solutions pour ω en annulant le déterminant :

$$\begin{vmatrix} i\omega\Delta I_x & 0 & \kappa\bar{I}\Delta n_x & \kappa\bar{I}\beta\Delta n_y \\ 0 & i\omega\Delta I_y & \kappa\bar{I}\beta\Delta n_x & \kappa\bar{I}\Delta n_y \\ \zeta\bar{n}\Delta I_x & \zeta\bar{n}\beta\Delta I_y & -i\omega\Delta n_x & 0 \\ \zeta\bar{n}\beta\Delta I_x & \zeta\bar{n}\Delta I_y & 0 & -i\omega\Delta n_y \end{vmatrix} = 0 \tag{A.10}$$

En posant égal à 0 les termes d'ordre 2 en Δ, c'est à dire $\forall A, B \in (I_{x,y}, n_{x,y}), \Delta A \Delta B = 0$. Ce qui aboutit à :

$$\omega_{\pm}^2 = \gamma_{||}\Gamma\left(\frac{P}{\bar{n}} - 1\right)\frac{(1 \pm \beta)^2}{(1+\beta)^2} \tag{A.11}$$

Plus souvent écrit en fonction du *taux de pompage* $\eta = P/\bar{n}$:

$$\omega_R = \sqrt{\gamma_{||}\Gamma\,(\eta - 1)} \tag{A.12}$$

$$\omega_L = \frac{1-\beta}{1+\beta}\,\omega_R \tag{A.13}$$

Annexe B

Simulations MatLab d'un laser soumis à une réinjection décalée en fréquence

Dans cette annexe nous présentons l'intégralité du code source MatLab (version 2007) des simulations utilisées dans les partie II et III du manuscrit pour modéliser le comportement d'un laser bi-fréquence soumis à une rétro-injection décalée en fréquence. Le code source comporte trois blocs. Un bloc contient le modèle proprement dit, c'est à dire les equations différentielles renormalisée (cf. partie III), c'est la fonction $f()$. Un seconde bloc contient les fonctions de calcul et d'affichage des séries temporelles et des diagrammes de bifurcation. Le reste du code correspond à des fonctions élémentaires de tri de tableau de point.

```
%% calcul des parametres du laser
function Init_function(handles)


    L     = 0.075;        % longueur de la cavite (en m)
    R1    = 1.0;          % coefficient de reflexion du miroir d'entree (en intensite)
    taug  = 230.0e-6;     % temps de vie du niveau excite (en secondes)
    R2    = 0.99;         % coefficient de reflexion du miroir de sortie (en intensite)
    R3    = 0.0000025;    % coefficient de reflexion du miroir de renvoi (en intensite)
    betta = 0.0;          % coefficients de saturation croise (couplant les deux etats propres)
    etha  = 1.2;          % taux d'excitation ou taux de pompage
    delta = 0.05;         % absorption residuelle
    epsilonx = 3.0e-19; % emission spontanee (probabilite pour le mode de vibration en x)
    epsilony = 3.0e-19; % emission spontanee (probabilite pour le mode de vibration en y)
    simulation_type = handles.metricdata.simulation_type;
    desaccord_relatif = handles.metricdata.desaccord_relatif;
    desaccord_relatif_final = handles.metricdata.desaccord_relatif_final;
    pas_desaccord = handles.metricdata.pas_desaccord;
```

```
    % On prend g =1 (facteur de recouvrement)

    gammapara      = 1.0/taug;              % Taux de decroissance de l'inversion de population
    epsilon        = [epsilonx epsilony]; % Coefficients d'emission spontanee
    gamma          = -299792458/2/L*log((1-delta)^2*R1*R2); % pertes reparties sur un aller-retour
    omegarel       = sqrt((etha-1)*gammapara*gamma);          % pulsation des oscillations de
        relaxation
    frequencerel = (1/2*pi)*omegarel;    % oscillation de relaxation;
    gammae         = sqrt(R3)*gamma;        % taux de feedback (pour un gamma arbitrairement moyen)
    epsilonprime = gammapara/omegarel;   % Coefficients d'emission spontanee renormalise
    gammaeprime  = gammae/omegarel;      % tau
    flock          = gammae/(2*pi*gamma); % Frequence d'accrochage
    Estat          = 1/(1+betta);          % Champ stationnaire

    extrema_initialisation = -Inf;
    nombre_max_extrema      = 50;    % Nombre maximal d'extrema que l'on garde a chaque simulation
    duree_iteration         = ones(1);


    changement_variable = 1;
    yinit = ones(4,1);

end

%% Boucle pour la creation du diagramme de bifurcation. La resolution est faite pour chaque
    desaccord.
function Diagramme_bifurcation ()

    if(handles.metricdata.check_AR==1)
        % Liste des deltanu pour lesquels on va faire des simulations
        it = [(desaccord_relatif:pas_desaccord:desaccord_relatif_final) (desaccord_relatif_final
            :-1*pas_desaccord:desaccord_relatif)];
    else
        it = (desaccord_relatif:pas_desaccord:desaccord_relatif_final);
    end

    % Table 2D contenant les maxima pour chaque deltanu pour la phase
    maxima_phase = extrema_initialisation.*ones(length(it),nombre_max_extrema);
    % Table 2D contenant les minima pour chaque deltanu pour la phase
    minima_phase = extrema_initialisation.*ones(length(it),nombre_max_extrema);

    tour = 1; % Numero de la simulation courante. Utilise dans la concatenation des resultats.
    flag_color = 0;
    flag_tot   = 0;

    % Pour afficher un diagramme de bifurcation dans le sens deltaNu decroissant
    if(desaccord_relatif < desaccord_relatif_final)
        set(handles_graphe,'Xlim',[desaccord_relatif desaccord_relatif_final]);
```

```
else
    set(handles_graphe,'Xlim',[desaccord_relatif_final desaccord_relatif]);
end

title(handles_graphe,  'Diagramme de bifurcation');
xlabel(handles_graphe, 'Deltanu / fR','fontsize',10,'fontweight','b');
ylabel(handles_graphe, 'Extrema phasis','fontsize',10,'fontweight','b');

for i=it;

    tic;
    solution = routine_integration(i);

        waitbar(0.50,barre);

        % unwrap permet de derouler la phase pour le calcul des extrema
        solucephase_temp= solution(1,:);
        [table_maxima_phase,table_maxima_vphase,table_minima_phase,table_minima_vphase] =
            extrema(solucephase_temp);
        waitbar(0.25,barre);
        ecart_min_relatif = 1e-2;
        table_maxima_phase=tri(table_maxima_phase,ecart_min_relatif);
        table_maxima_phase(1:length(table_maxima_phase))=table_maxima_phase;
        table_minima_phase=tri(table_minima_phase,ecart_min_relatif);
        table_minima_phase(1:length(table_minima_phase))=table_minima_phase;
        waitbar(0,barre);

        % Les conditions suivantes sont la pour completer les lignes d'extrema
        % qui ont moins de nombre_de_points = nombre_max_extrema points
        if size(table_maxima_phase)<nombre_max_extrema
            table_maxima_phase(length(table_maxima_phase)+1:nombre_max_extrema)=
                extrema_initialisation;
        end
        if size(table_minima_phase)<nombre_max_extrema
            table_minima_phase(length(table_minima_phase)+1:nombre_max_extrema)=
                extrema_initialisation;
        end

    table = extrema_initialisation.*ones(2,nombre_max_extrema);

    table(1,:) = table_maxima_phase(1:nombre_max_extrema);
    table(2,:) = table_minima_phase(1:nombre_max_extrema);

    save('diagramme_bifurcation_sauvegarde','i','table');

    % On decortique les resultats entre 4 listes de "nombre_max_extrema" elements
    table_maxima_phase = table(1,:);
```

```
table_minima_phase = table(2,:);

% On peut maintenant ajouter les resultats de cette simulations aux tableaux de resultats
    principaux
maxima_phase(tour,1:min(nombre_max_extrema,length(table_maxima_phase))) =
    table_maxima_phase(1:min(nombre_max_extrema,length(table_maxima_phase)));
minima_phase(tour,1:min(nombre_max_extrema,length(table_minima_phase))) =
    table_minima_phase(1:min(nombre_max_extrema,length(table_minima_phase)));

tour = tour+1; % On incremente le compteur de simulations
hold on;
if(i==desaccord_relatif_final)
    % changement de la couleur d'affichage
    if(flag_tot==0)
        flag_color = 1;
        flag_tot = 1;
    else
        flag_tot = 0;
    end
end
if(~flag_color)
    for j=1:nombre_max_extrema
        plot(handles_graphe,it,maxima_phase(:,j),'*b','MarkerSize',3);
        plot(handles_graphe,it,minima_phase(:,j),'ob','MarkerSize',3);
    end
else
    for j=1:nombre_max_extrema
        plot(handles_graphe,it(1:length(it)/2),maxima_phase(1:length(it)/2,j),'*b','
            MarkerSize',3);
        plot(handles_graphe,it(1:length(it)/2),minima_phase(1:length(it)/2,j),'ob','
            MarkerSize',3);
        plot(handles_graphe,it(length(it)/2:end),maxima_phase(length(it)/2:end,j),'*r','
            MarkerSize',3);
        plot(handles_graphe,it(length(it)/2:end),minima_phase(length(it)/2:end,j),'or','
            MarkerSize',3);
    end
end
% actualisation du nombre d'iterations restantes
handles.metricdata.nb_iterations = handles.metricdata.nb_iterations - 1;
set(handles.nb_iterations, 'String', handles.metricdata.nb_iterations);


if(~exist('tab_yinit'))
    %sauvegarde des conditions initiales pour chaque pas de temps
    %(servira pour la serie temporelle correspondante)
    tab_yinit = ones(5,1);
    tab_yinit(1) = handles.metricdata.ex;
```

```
            tab_yinit(2) = handles.metricdata.ey;
            tab_yinit(3) = handles.metricdata.mx;
            tab_yinit(4) = handles.metricdata.my;
            tab_yinit(5) = desaccord_relatif;
        else
            %actualisation du tableau des conditions initiales
            temp_vector = ones(5,1);
            temp_vector(1)=handles.metricdata.ex;
            temp_vector(2)=handles.metricdata.ey;
            temp_vector(3)=handles.metricdata.mx;
            temp_vector(4)=handles.metricdata.my;
            temp_vector(5)=i;
            tab_yinit = [tab_yinit temp_vector];
        end
        temps=toc;
        duree_iteration=[duree_iteration temps];
        duree_temp = sum(duree_iteration)/numel(duree_iteration);
        handles.metricdata.temps_restant = round(handles.metricdata.nb_iterations*duree_temp);
        set(handles.temps_restant,'String',handles.metricdata.temps_restant);
    end
    % On affiche tout : Rouge: Iy; Bleu: Ix; etoiles: maxima; ronds: minima
    if(desaccord_relatif < desaccord_relatif_final)
        fliplr(it);
    end
    for j=1:nombre_max_extrema
        plot(handles_graphe,it(1:length(it)/2),maxima_phase(1:length(it)/2,j),'*b','MarkerSize',3)
            ;
        plot(handles_graphe,it(1:length(it)/2),minima_phase(1:length(it)/2,j),'ob','MarkerSize',3)
            ;
        if(flag_tot)
            plot(handles_graphe,it(length(it)/2:end),maxima_phase(length(it)/2:end,j),'*b','
                MarkerSize',3);
            plot(handles_graphe,it(length(it)/2:end),minima_phase(length(it)/2:end,j),'ob','
                MarkerSize',3);
        else
            plot(handles_graphe,it(length(it)/2:end),maxima_phase(length(it)/2:end,j),'*r','
                MarkerSize',3);
            plot(handles_graphe,it(length(it)/2:end),minima_phase(length(it)/2:end,j),'or','
                MarkerSize',3);
        end
    end
    save('table_conditions_initiales','tab_yinit');
    close(barre);
end

%% *********************Integration du systeme****************************
% ATTENTION : Il faut bien noter que la routine ODE est utilisee a
```

```
% plusieurs reprises et non en une seule fois. On reprend en condition initiale
% de  chaque routine le resultat de la routine precedente.
% Sur une duree de 6ms, on appelle la routine ODE Une quantite N de fois, en
% ne lui precisant que le temps de debut et de fin de la routine. Le pas
% d'integration a l'interieur de cet interval est variable. Chaque interval
% d'integration est d'une duree de 6ms/N :
%
% Debut

    Fin
% ||____________________|_________________|____________________|__________________|
    _________________||
% Xmin                 Xmax              |                     |
%  |---------x0----------|               |                     |
%  |        ODE1         |      ODE2     |        ODE3         |
% A l'issue de la simulation, on ne garde que la derniere partie des
% resultats, qu'on appelle ci-dessous "temps-a-conserver", ceci afin de ne
% garder que la partie stationnaire du phenomene.

function solution = routine_integration (deltaNu)

    if(~exist('barre'))
    barre=waitbar(0,'patientez');           % si la barre n'est pas deja creee
    end

%% integration avec les ode
    if(handles.metricdata.pas_fixe==0)
        deltaprime=deltaNu;                % deja normalise par rapport a la frequence des
            oscillations de relaxation

        xo=handles.metricdata.xo;          % intervalle de temps pour un appel de ODE113
        pas = handles.metricdata.pas*xo; % Pas de reference pour la projection de la solution d'
            ODE113

        temps_de_simulation = handles.metricdata.duree_simu; % Temps (ms) que doit durer une
            simulation,
        % Part des resultats d'une simulation qui
        % doit etre utilisee pour chercher les extrema. Par exemple si ca vaut
        % 1/3, le programme ne considerera que le dernier tiers des points de la
        % simulation pour chercher les extrema.
        temps_a_conserver   = handles.metricdata.prct_simu/100;
        nombre_total=temps_de_simulation/xo; % nombre de sequences d'integration
        npoints=floor(xo*nombre_total/pas); % nombre de points sur une courbe d'evolution en temps
             pour un desaccord donne.

        idx=[1,2,3,4];                    % vecteur permettant d'extraire la solution
        solucephase=zeros(1,npoints); % fichier de points pour la phase
```

```
soluceinty=zeros(1,npoints);   % fichier de points pour l'intensite
solucepop=zeros(1,npoints);    % fichier de points pour les populations
solucerey=zeros(1,npoints);    % fichier de points pour la partie reelle du champ Ey
soluceimy=zeros(1,npoints);    % fichier de points pour la partie imaginaire du champ Ey
soluceint=zeros(1,npoints);    % fichier de points pour la partie imaginaire du champ Ey

%options ode
hinit = pas;                   % pas de temps initial d'integration
hmax = xo/2;                   % pas de temps maximal autorise
options = odeset('NormControl','off','stats','off','InitialStep',hinit,'Maxstep',hmax); %
    options pour ODE
imin = 1;                      % variable de concatenation des solutions de l'ODE

% Debut de la routine d'integration
for nombre=0:nombre_total-1;

    xmin = xo*nombre; % temps initial de l'etape
    xmax = xmin+xo;
    if(changement_variable==1)
        % integration de f(t,y). Sol contient y, pour chaque temps adapte trouve par ODE.
        % Le pas temporel n'est .
        sol = ode113(@f,[xmin,xmax],yinit,options);
    else
        sol = ode45(@f,[xmin,xmax],yinit);
    end
    if(xmax~=sol.x(end))
        error('la resolution a echouee en raison d un minimum local. Revoir les conditions
            initiales');                                                                   %
            ode est reste bloque dans un minimum local et n'a pas pu poursuivre jusqu'a
            xmax.
    end

    xint=xmin+pas:pas:xmax; % creation d'une echelle de temps lineaire
    % projection de la solution sur le temps lineaire. Le resultat pour chaque temps xint
    % est contenu dans un vecteur de type idx.
    sxint = deval(sol,xint,idx);
    imax  = imin+length(sxint(1,:))-1; % rafraichissement de la variable de concatenation

    solucephase(imin:imax)= angle(sxint(2,:))-angle(sxint(1,:)); %calcul de la phase
    soluceinty(imin:imax) = abs(sxint(2,:)).^2;  %calcul de l'intensite
    solucerey(imin:imax)  = real(sxint(2,:));    %calcul de la partie reelle du champ
    soluceimy(imin:imax)  = imag(sxint(2,:));    %calcul de la partie imaginaire du champ
    solucepop(imin:imax)  = sxint(4,:);          %calcul des populations sur Y
    soluceint(imin:imax)  = abs(sxint(1,:)+sxint(2,:).*exp(-4*1i*50*xint)).^2;

    imin=imax+1;                        % manoeuvre de concatenation des resultats de chaque
        ODE.
```

```
    yinit = sol.y(:,length(sol.x)); % redefinition de yinit avec la solution finale de l'
        ODE
    hinit = sol.x(length(sol.x))-sol.x(length(sol.x)-1); % reactualisation du pas de temps
         pour poursuivre l'ODE avec la meme resolution.
    options=odeset('NormControl','off','stats','off','InitialStep',hinit,'Maxstep',hmax);
        % options pour ODE
    clear sol;


     waitbar(((nombre+1)/nombre_total),barre);

end


%% Runge-Kutta a pas fixe

else
    deltaprime = deltaNu; % deja normalise par rapport aux oscillations de relaxation
    xo = handles.metricdata.xo;                                  % intervalle de temps
    temps_de_simulation = 5e-3;    % Temps (ms) que doit durer une simulation,
    % Part des resultats d'une simulation qui
    % doit etre utilisee pour chercher les extrema. Par exemple si ca vaut
    % 1/3, le programme ne considerera que le dernier tiers des points de la
    % simulation pour chercher les extrema.
    temps_a_conserver   = handles.metricdata.prct_simu/100;
    nombre_total=temps_de_simulation/xo;          % nombre de sequences d'integration

    solucephase = zeros(1,nombre_total); % fichier de points pour la phase
    soluceinty  = zeros(1,nombre_total); % idem pour l'intensite
    solucepop   = zeros(1,nombre_total); % idem pour les populations
    solucerey   = zeros(1,nombre_total); % idem pour la partie reelle du champ Ey
    soluceimy   = zeros(1,nombre_total); % idem pour la partie imaginaire du champ Ey
    soluceint   = zeros(1,nombre_total); % idem pour la partie imaginaire du champ Ey
    t0 = 0;
    s = size(f(t0,yinit),1);         %   number of equations
    pippo = zeros(s,nombre_total); %   preallocation of output variables
    pippo(:,1) = yinit;              %   initial conditions

    % This loop calculates the approximate values of y at the times t0+i*Deltat
    % and stores them in the matrix pippo

    for i = 0:nombre_total-2
        j=0;
        t = t0 + i*xo;
        y = pippo(:,i+1);
        K1 = ones(4,1);K2 = ones(4,1);K3 = ones(4,1);K4 = ones(4,1);
        K1 = f(t,y);
```

```
            K2 = f(t+xo/2,y+xo/2*K1);
            K3 = f(t+xo/2,y+xo/2*K2);
            K4 = f(t+xo,y+xo*K3);

            pippo(:,i+2) = y + 1/6*xo*(K1+2*K2+2*K3+K4);

            waitbar(i/nombre_total,barre);
        end

        % This loop creates a column with the values of t and appends it as a last
        % column to the output matrix pippo
        time = zeros(1,nombre_total);
        time(1) = t0;
        for i = 1:nombre_total-1
            time(i+1) = time(i)+xo;
        end

        solucephase(:) = angle(pippo(2,:))-angle(pippo(1,:)); %calcul de la phase
        soluceinty(:) = abs(pippo(2,:)).^2; %calcul de l'intensite
        solucerey(:) = real(pippo(2,:));     %calcul de la partie reelle du champ
        soluceimy(:) = imag(pippo(2,:));     %calcul de la partie imaginaire du champ
        solucepop(:) = pippo(4,:);           %calcul des populations sur Y
        soluceint(:) = abs(pippo(1,:)+pippo(2,:).*exp(-4*1i*50*time)).^2;

        yinit = pippo(:,length(pippo(1,:))); % redefinition de yinit avec la solution finale
            de l'ODE
end

%% FIN Runge-Kutta a pas fixe

waitbar(0.75,barre);
longueur    = length(solucephase)-1; % nombre d'increments dans l'evolution temporelle

% on supprime la premiere partie des series temporelles obtenues,
% car elle correspondent au regime transitoire
solucephase = solucephase(ceil(longueur*(1-temps_a_conserver)):longueur);
soluceinty  = soluceinty(ceil(longueur*(1-temps_a_conserver)):longueur);
solucerey   = solucerey(ceil(longueur*(1-temps_a_conserver)):longueur);
soluceimy   = soluceimy(ceil(longueur*(1-temps_a_conserver)):longueur);
solucepop   = solucepop(ceil(longueur*(1-temps_a_conserver)):longueur);
soluceint   = soluceint(ceil(longueur*(1-temps_a_conserver)):longueur);

for i=1:1:length(solucephase)-1 %elimination de la partie nulle correspondante a l'
    initialisation
    if solucephase(i)==0
        solucephase=solucephase(1:i-1);
        break;
```

```
        end
    end
    for i=1:1:length(solucepop)-1 %elimination de la partie nulle correspondante a l'
        initialisation
        if solucepop(i)==0
            solucepop=solucepop(1:i-1);
            break;
        end
    end
    for i=1:1:length(soluceint)-1 %elimination de la partie nulle correspondante a l'
        initialisation
        if soluceint(i)==0
            soluceint=soluceint(1:i-1);
            break;
        end
    end

    min_length = min ([min([length(solucephase) length(soluceinty)]) min([length(solucerey) length
        (soluceimy)]) min([length(soluceint) length(solucepop)])]);
    solucephase = solucephase(1:min_length);
    soluceinty = soluceinty(1:min_length);
    solucerey = solucerey(1:min_length);
    soluceimy = soluceimy(1:min_length);
    solucepop = solucepop(1:min_length);
    soluceint = soluceint(1:min_length);

    solution = ones(6,min_length);
    solution(1,1:min_length) = solucephase;
    solution(2,1:min_length) = soluceinty;
    solution(3,1:(min_length)) = solucerey;
    solution(4,1:(min_length)) = soluceimy;
    solution(5,1:(min_length)) = solucepop;
    solution(6,1:(min_length)) = soluceint;

end

%% ****************** trace des differents parametres ********************

function sauvegarde_temp(resultat)

   save('diagramme_temporel_sauvegarde','resultat');

end

%% ****************** les ODE a integrer **********************************
function yp=f(t,y)
```

```
%    global epsilonprime epsilon deltaprime gammaeprime betta

    yp=ones(4,1);

    I(1:2)=y(1:2).*conj(y(1:2));
    if(changement_variable)

        if(betta~=0)
            yp(1)=0.5*(y(3)+betta*y(4))/(1+betta)*y(1)+(y(3)+betta*y(4))*epsilon(1);    %d(ex)/ds
            yp(2)=0.5*(y(4)+betta*y(3))/(1+betta)*y(2)+(y(4)+betta*y(3))*epsilon(2)+deltaprime*li*
                y(2)+gammaeprime*y(1);  %d(ey)/ds
            yp(3)=1-(I(1)+betta*I(2))-epsilonprime*y(3)*(1+(etha-1)*(I(1)+betta*I(2))); %d(mx)/ds
            yp(4)=1-(I(2)+betta*I(1))-epsilonprime*y(4)*(1+(etha-1)*(I(2)+betta*I(1))); %d(my)/ds
        else
            yp(1)=0.5*y(3)*y(1)+(y(3))*epsilon(1); %d(ex)/ds
            yp(2)=0.5*y(4)*y(2)+(y(4))*epsilon(2)+deltaprime*li*y(2)+gammaeprime*y(1);  %d(ey)/ds
            yp(3)=1-(I(1))-epsilonprime*y(3)*(1+(etha-1)*(I(1))); %d(mx)/ds
            yp(4)=1-(I(2))-epsilonprime*y(4)*(1+(etha-1)*(I(2))); %d(my)/ds
        end
    else

        P = etha*gamma/(1+betta);                        % si changement de variable
        deltaomega = 2*pi*deltaprime*frequencerel;

        if(betta~=0)
            yp(1)=0.5*(-gamma+y(3)+betta*y(4))*y(1)+(y(3)+betta*y(4))*epsilon(1);
            yp(2)=0.5*(-gamma+y(4)+betta*y(3))*y(2)+(y(4)+betta*y(3))*epsilon(2)-deltaomega*li*y
                (2)+gammae*y(1);
            yp(3)=gammapara*(P-y(3))-(I(1)+betta*I(2))*y(3);
            yp(4)=gammapara*(P-y(4))-(I(2)+betta*I(1))*y(4);
        else
            yp(1)=0.5*(-gamma+y(3))*y(1)+y(3)*epsilon(1);
            yp(2)=0.5*(-gamma+y(4))*y(2)+y(4)*epsilon(2)-deltaomega*li*y(2)+gammae*y(1);
            yp(3)=gammapara*(P-y(3))-I(1)*y(3);
            yp(4)=gammapara*(P-y(4))-I(2)*y(4);
        end
    end
   % (Note : le second terme dans Y1 (ex) et Y2 (ey), qui ne figure pas dans les equations
      reduites,
   % est un terme d'emission spontanee qui permet de demarrer le laser)
end

%% **** Fonction pour le calcul des extrema ******************************
% - En argument : vecteur contenant une serie de valeurs et les indices
% correspondants.
% - Renvoie les extremum de X et les deux indices correspondants. Utilise
% notamment pour determiner l'extremum de phase.
```

```
function [xmax,imax,xmin,imin] = extrema(x)

xmax = [];
imax = [];
xmin = [];
imin = [];

Nt = numel(x);
if Nt ~= length(x)
 error('Entry must be a vector.')
end

inan = find(isnan(x));
indx = 1:Nt;
if ~isempty(inan)
 indx(inan) = [];
 x(inan) = [];
 Nt = length(x);
end

dx = diff(x);

if ~any(dx)
 return
end

a = find(dx~=0);
lm = find(diff(a)~=1) + 1;
d = a(lm) - a(lm-1);
a(lm) = a(lm) - floor(d/2);
a(end+1) = Nt;

xa = x(a);
b = (diff(xa) > 0);
xb = diff(b);
imax = find(xb == -1)+1;
imin = find(xb == +1)+1;
imax = a(imax);
imin = a(imin);
nmaxi = length(imax);
nmini = length(imin);

if (nmaxi==0) && (nmini==0)
 if x(1) > x(Nt)
  xmax = x(1);
  imax = indx(1);
  xmin = x(Nt);
```

```
  imin = indx(Nt);
 elseif x(1) < x(Nt)
  xmax = x(Nt);
  imax = indx(Nt);
  xmin = x(1);
  imin = indx(1);
 end
 return
end

    if (nmaxi==0)
        imax(1:2) = [1 Nt];
    elseif (nmini==0)
        imin(1:2) = [1 Nt];
    else
    if imax(1) < imin(1)
        imin(2:nmini+1) = imin;
        imin(1) = 1;
    else
        imax(2:nmaxi+1) = imax;
        imax(1) = 1;
    end
    if imax(end) > imin(end)
        imin(end+1) = Nt;
    else
        imax(end+1) = Nt;
    end
end
xmax = x(imax);
xmin = x(imin);

if ~isempty(inan)
 imax = indx(imax);
 imin = indx(imin);
end

imax = reshape(imax,size(xmax));
imin = reshape(imin,size(xmin));

[temp,inmax] = sort(-xmax); clear temp
xmax = xmax(inmax);
imax = imax(inmax);
[xmin,inmin] = sort(xmin);
imin = imin(inmin);

end
```

```
%% Fonction qui trie les elements d'un vecteur tx par ordre croissant
%% En qui supprime les elements du vecteur qui sont separes de moins
%% d'un certain ecart relatif de leur successeur (element suivant du vecteur)
function ta=tri(tx,ecart_min_relatif)
    if(numel(tx))
        tx         = sort(tx);
        amplitude = max(tx)-min(tx);
        ecart_min = ecart_min_relatif * amplitude;
        ta         = tx(1);
        tj         = 1;

        for ti = 2:length(tx)
            if (tx(ti) - tx(tj)) > ecart_min
                ta = [ta tx(ti)];
                tj = ti;
            end;
        end;
    else
        ta = -Inf;
    end
end
```

Bibliographie

[1] Arthur L. SCHAWLOW et Charles H. TOWNES : Infrared and optical masers. *Physical Review*, 112(6):1940–1949, December 1958. Cité p. 1

[2] Nikolaï G. BASOV : Sans-titre. *Radio Tek. I. Elektron.*, 3:297–298, 1958. Cité p. 1

[3] Alexandre M. PROKHOROV : Molecular amplifier and generator for submillimeter waves. *Sov. Phys. JETP*, 7:1140–1141, 1958. Cité p. 1

[4] Theodore H. MAIMAN : Stimulated optical radiation in ruby. *Nature*, 187:493–494, August 1960. Cité p. 1

[5] Willis E. LAMB JR. : Theory of an optical maser. *Physical Review*, 134(6A):1429–1450, June 1964. Cité p. 1

[6] Hortz STATZ et G. DEMARS : *Transients and oscillation pulses in masers*, pages 530–537. Quantum Electronics, Columbia University Press, NY, 1960. Cité p. 1

[7] Dean E. MCCUMBER : Theory of phonon-terminated optical masers. *Physical Review*, 134(2A): A299, April 1964. Cité p. 1

[8] Chung L. TANG, Hortz STATZ et G. DEMARS : Spectral output and spiking behavior of solid-states lasers. *Journal of Applied Physics*, 34(8):2289–2295, August 1963. Cité pp. 1, 10, 28 et 30.

[9] H. de LANG : *Polarization properties of optical resonators passive and active*. Utrecht Rijksuniversitaet, 1966. Cité p. 1

[10] Howard GREENSTEIN : Some properties of a zeeman laser with anisotropic mirrors. *Physical Review*, 178:585–589, February 1969. Cité p. 1

[11] Albert LEFLOCH et Roger LENAOUR : Polarization effects in zeeman lasers with x–y-type loss anisotropies. *Physical Review A*, 4:290–295, Jul 1971. Cité p. 1

[12] Albert LEFLOCH : *Théorie spatiale vectorielle des lasers anisotropes. Vérification expérimentale pour un laser Zeeman et par spectroscopie de polarisation du milieu actif. Quelques applications.* Thèse de doctorat, Université de Rennes I, November 1977. Cité pp. 1, 9.

[13] Robert Clark JONES : A new calculus for the treatment of optical systems iii. the sohncke theory of optical activity. *Journal of Optical Society of America*, 31(7):500–503, July 1941. Cité pp. 1, 9.

[14] Jean-Charles COTTEVERTE : *Etude théorique et expérimentale des instabilités et injection vectorielles dans les lasers à un ou deux états propres stables. Quelques applications.* Thèse de doctorat, Université de Rennes I, January 1994. Cité p. 1

[15] Guy ROPARS : *Dynamique des états propres dans des lasers quasi isotropes, bistabilités vectorielles et commande lumineuse.* Thèse de doctorat, Université de Rennes I, 1987. Cité p. 1

[16] Marc BRUNEL : *Etude théorique et expérimentale de quelques aspects nouveaux des lasers à un ou plusieurs axes de propagation. Applications.* Thèse de doctorat, Université de Rennes I, October 1997. Cité p. 1

[17] Medhi ALOUINI : *Etude théorique et expérimentale des lasers solides Er3+ et Nd3+ : applications des lasers bi-fréquences aux télécommunications optiques et hyperfréquences.* Thèse de doctorat, Université de Rennes I, March 2001. Cité p. 1

[18] Ngoc Diep LAI : *Étude théorique et expérimentale des lasers solides bi- fréquences dans les domaines GHz à THz, en régime continu ou impulsionnel. Applications opto-microondes.* Thèse de doctorat, Université de Rennes I, August 2009. Cité pp. 1, 61.

[19] Kenju OTSUKA, Paul MANDEL, Serge BIELAWSKI, Dominique DEROZIER et Pierre GLORIEUX : Alternate time scale in multimode lasers. *Physical Review A*, 46:1692–1695, Aug 1992. Cité pp. 2, 63.

[20] Thomas ERNEUX et Pierre GLORIEUX : *Laser Dynamics.* Cambridge University Press, Cambridge, 2010. Cité pp. 2, 88 et 110.

[21] Sebastian WIECZOREK, T. B. SIMPSON, Bernd KRAUSKOPF et Daan LENSTRA : Global quantitative predictions of complex laser dynamics. *Physical Review E*, 65:045207, 2002. Cité p. 2

[22] Fabien BRETENAKER, Bruno LÉPINE, Jean-Charles COTTEVERTE et Albert LEFLOCH : Meanfield laser magnetometry. *Physical Review Letters*, 69:909–912, 1992. Cité p. 2

[23] Jean-Charles COTTEVERTE, J. POIRSON, Albert LEFLOCH et Fabien BRETENAKER : Laser magnetometer measurement of the natural remanent magnetization of rocks. *Applied Physics Letters*, 70:3075–3077, 1997. Cité p. 2

[24] D. JACOB, N. H. TRAN, Albert LEFLOCH et Fabien BRETENAKER : Quasi-critical coupling between spatially resolved laser eigenstates : a novel approach to the measurement of intracavity absorption. *Journal of Optical Society of America B*, 12:1843–1849, 1995. Cité p. 2

[25] D. Jacob, Albert LeFloch, Fabien Bretenaker et P. Guenot : Measurement of the carbon isotopic composition of methane using helicoidal laser eigenstates. *Journal de Physique I France*, 6:771–781, 1996. Cité p. 2

[26] Marc Vallet, N. H. Tran, Albert LeFloch et Fabien Bretenaker : Ring-laser gyro with spatially resolved eigenstates. *Optics Letters*, 19:1219–1221, 1994. Cité p. 2

[27] Adelbert Owyoung et Peter Esherik : Stress-induced tuning of a diode-laser-excited monolithic nd :yag. *Optics Letters*, 12(12):999, December 1987. Cité p. 3

[28] Marc Brunel, Fabien Bretenaker et Albert LeFloch : Tunable optical microwave source using spatially resolved laser eigenstates. *Optics Letters*, 22(6):384–386, March 1997. Cité pp. 3, 14.

[29] Marc Brunel, Olivier Emile, Fabien Bretenaker, Albert LeFloch, Bernard Ferrand et Engin Molva : Tunable two frequency lasers for lifetime measurements. *Optical Review*, 4(5):550, 1997. Cité pp. 3, 62.

[30] Medhi Alouini, Marc Brunel, Fabien Bretenaker, Marc Vallet et Albert LeFloch : Dual tunable wavelength er,yb :glass laser for terahertz beat frequency generation. *Photonics Technology Letters, IEEE*, 10(11):1554 –1556, nov. 1998. Cité p. 3

[31] Romain Czarny, Medhi Alouini, C. Larat, M. Krakowski et Daniel Dolfi : Thz-dual-frequency yb3+ :kgd(wo4)2 laser for continuous wave thz generation through photomixing. *Electronics Letters*, 40(15):942, July 2004. Cité p. 3

[32] Marc Brunel, Marc Vallet, Guy Ropars, Albert LeFloch et Fabien Bretenaker : Modal analysis of polarization self-modulated lasers. *Physical Review A*, 55(2):1391–1397, February 1997. Cité pp. 3, 9, 10 et 27.

[33] Ngoc Diep Lai, Fabien Bretenaker et Marc Brunel : Coherence of pulsed microwave signals carried by two-frequency solid-state lasers. *Journal of Lightwave Technology*, 21(12):3037, December 2003. Cité pp. 3, 66.

[34] Loic Morvan, Ngoc Diep Lai, Daniel Dolfi, Jean-Pierre Huignard, Marc Brunel, Fabien Bretenaker et Albert LeFloch : Building blocks for a two-frequency laser lidar-radar : a preliminary study. *Applied Optics*, 41(27):5702, September 2002. Cité pp. 3, 79.

[35] Timothy Day, Eric K. Gustafson et Robert L. Byer : Sub-hertz relative frequency stabilization of two-diode laser-pumped nd :yag lasers locked to a fabry-perot interferometer. *IEEE Journal of Selected Topics in Quantum Electronics*, 28(4):1106–1117, April 1992. Cité p. 3

[36] Naoto KISHI, Masahiro AGA et Eikichi YAMASHITA : Microwave generation using laser heterodyne technique with independent controllability in frequency and phase. *IEEE Transactions on microwave theory and techniques*, 43(9):2284, September 1995. Cité p. 3

[37] Emilien PEYTAVIT : *Génération et propagation aux fréquences térahertz.* Thèse de doctorat, Université de Lille, October 2002. Cité p. 3

[38] J. J. O'REILLY, P. M. LANE, R. HEIDEMANN et R. HOFSTETTER : Optical generation of very narrow linewidth millimetre wave signals. *Electronics Letters*, 28:2309–2311, 1992. Cité p. 3

[39] X. S. YAO et L. MALEDI : High frequency optical subcarrier generator. *Electronics Letters*, 30:1525–1526, 1994. Cité p. 3

[40] L. E. M. de BARROS, A. PAOLELLA, M. Y. FRANKEL, M. A. ROMEO, P. R. HERCZFELD et A. MADJAR : Photoresponse of microwave transistors to high-frequency modulated lightwave carrier signal. *IEEE Transactions on microwave theory and techniques*, 45:1368–1374, 1997. Cité p. 3

[41] Marc ABITBOL, Pierrick LEBLAY, Jean DEBRIE, Michel LEQUIME et Jocelyn MILLET : Télémètre. Brevet Français N°2 706 602, June 1993. Cité p. 3

[42] Philippe NERIN : *Etude et réalisation d'un télémètre et vélocimètre utilisant en mode autodyne un microlaser balayé en fréquence.* Thèse de doctorat, Institut national polytechnique de Grenoble, 1997. Cité p. 3

[43] Vincent DELAYE : *Etude et réalisation d'un télémètre laser par temps de vol.* Thèse de doctorat, Institut national polytechnique de Grenoble, September 2000. Cité p. 3

[44] W. L. EBERHARD et R. M. SCHOTLAND : Dual-frequency doppler-lidar method of wind measurement. *Applied Optics*, 19:2967–2976, 1980. Cité p. 3

[45] Loic MORVAN, Ngoc Diep LAI, Daniel DOLFI, Jean-Pierre HUIGNARD, Marc BRUNEL, Fabien BRETENAKER et Albert LEFLOCH : Building blocks for a two-frequency laser lidar-radar : a preliminary study. *Applied Optics*, 41:5702–5712, September 2002. Cité p. 3

[46] G. J. SIMONIS et K. G. PURCHASE : Optical generation, distribution, and control of microwaves using laser heterodyne. *IEEE Transactions on microwave theory and techniques*, 38:667–669, 1990. Cité p. 3

[47] E. R. BROWN, F. W. SMITH et K. A. MCINTOSH : Coherent millimeter-wave generation by heterodyne conversion in low-temperature-grown gaas photoconductors. *Journal of Applied Physics*, 73:1480–1484, 1993. Cité p. 3

[48] Medhi ALOUINI, B. BENAZET, Marc VALLET, Marc BRUNEL, P. DI BIN, Fabien BRETENAKER, Albert LEFLOCH et P. THONY : Offset phase locking of er,yb :glass laser eigenstates for rf photonics applications. *Photonics Technology Letters, IEEE*, 13(4):367–369, April 2001. Cité p. 3

[49] Marc BRUNEL, Fabien BRETENAKER, S. BLANC, Vincent CROZATIER, J. BRISSET, Thomas MERLET et A. POEZEVARA : High-spectral purity rf beat note generated by a two-frequency solid state laser in a dual thermooptic and electrooptic phase-locked loop. *Photonics Technology Letters, IEEE*, 16(3):870–872, March 2004. Cité p. 3

[50] Grégoire PILLET, Loic MORVAN, Marc BRUNEL, Fabien BRETENAKER, Daniel DOLFI, Marc VALLET, Jean-Pierre HUIGNARD et Albert LEFLOCH : Dual-frequency at 1.5 μm for optical distribution and generation of high purity microwave signals. *Journal of Lightwave Technology*, 26(15):2764–2773, Aug 2008. Cité p. 3

[51] Antoine ROLLAND, Ludovic FREIN, Marc VALLET, Marc BRUNEL, François BONDU et Thomas MERLET : 40-ghz photonic synthetizer using a dual-polarization microlaser. *Photonics Technology Letters, IEEE*, 22(23):1738–1740, December 2010. Cité p. 3

[52] Antoine ROLLAND, Goulchen LOAS, Marc BRUNEL, Ludovic FREIN, Marc VALLET et Medhi ALOUINI : Non-linear optoelectronic phase-locked loop for stabilization of opto-millimeter waves : towards a narrow linewidth tunable thz source. *Optics Express*, 19(19):17944–17950, September 2011. Cité p. 3

[53] Antoine ROLLAND, Marc BRUNEL, Goulchen LOAS, Ludovic FREIN, Marc VALLET et Medhi ALOUINI : Beat note stabilization of a 10–60 ghz dual-polarization microlaser through optical down conversion. *Optics Express*, 19(5):4399, February 2011. Cité p. 3

[54] Medhi ALOUINI, Marc VALLET, Marc BRUNEL, Fabien BRETENAKER et Albert LEFLOCH : Tunable absolute-frequency laser at 1.5 μm. *Electronics Letters*, 36(21):1780–1782, October 2000. Cité p. 3

[55] Marc VALLET, Marc BRUNEL et Martial OGER : Rf photonics synthetizer. *Electronics Letters*, 43(25):1437, December 2007. Cité p. 3

[56] L. ABALLEA et L. F. CONSTANTIN : Opto-electronic difference-frequency synthetiser : terahertz-waves for high-resolution spectroscopy. *European Physical Journal*, 45(2):21201, February 2009. Cité p. 3

[57] Anthony E. SIEGMAN : *Lasers*. University Science Books, Mill Valley, CA, 1986. Cité pp. 3, 61.

[58] Christiaan HUYGENS : lettre à son père, in œuvres complètes de christiaan huygens, 1665. *Société Hollandaise des Sciences*, 5:243–244, 1893. Cité p. 3

[59] Robert ADLER : A study of locking phenomena in oscillators. *Proc. IRE*, 34:351–357, June 1946. Cité p. 4

[60] Michael ROSENBLUM et Arkady PIKOVSKY : Synchronization : from pendulum clocks to chaotic lasers and chemical oscillators. *Contemporary Physics*, 44(5):401–416, September 2003. Cité p. 4

[61] Luc KERVEVAN, Hervé GILLES, Sylvain GIRARD et Mathieu LAROCHE : Beat-note jitter suppression in a dual-frequency laser using optical feed- back. *Optics Letters*, 32(9):1099–1101, May 2007. Cité pp. 4, 60 et 70.

[62] W. H. LOH, Y. OZEKI et Chung L. TANG : Highfrequency polarization selfmodulation and chaotic phenomena in external cavity semiconductor lasers. *Applied Photonics Letters*, 56:2613, June 1990. Cité pp. 4, 9 et 27.

[63] Julien JAVALOYES, Josep MULET et Salvador BALLE : Passive mode locking of lasers by crossed-polarization gain modulation. *Physical Review Letters*, 97:163902, Oct 2006. Cité pp. 4, 9.

[64] Steven T. CUNDIFF, Brandon C. COLLINGS et W. H. KNOX : Polarization locking in an isotropic, modelocked soliton er/yb fiber laser. *Optics Express*, 1(1):12–20, July 1997. Cité pp. 4, 9 et 52.

[65] A. DEL CORNO, G. GABETTA et G. C. REALI : Active-passive mode-locked nd:yag laser with passive negative feedback. *Optics Letters*, 15(13):734, July 1990. Cité p. 9

[66] A AGNESI, C. PENNACCHIO, G. C. REALI et V. KUBEČEK : High-power diode-pumped picosecond $nd^{3+} : yvo_4$ laser. *Optics Letters*, 22(21):1645–1647, November 1997. Cité p. 9

[67] Hermann A. HAUS : Mode-locking of lasers. *IEEE Journal of Selected Topics in Quantum Electronics*, 6:1173, 2000. Cité p. 9

[68] Shu NAMIKI, Eric P. IPPEN, Hermann A. HAUS et Charles X. YU : Energy rate equations for mode-locked lasers. *Journal of Optical Society of America B*, 14(8):2099–2112, August 1997. Cité p. 9

[69] Grovind P. AGRAWAL : *Nonlinear fiber optics.* Academic Press, 4th édition, 2007. Cité p. 9

[70] L. M. ZHAO, D. Y. TANG, X. WU, H. ZHANG et H. Y. TAM : Coexistence of polarization-locked and polarization-rotating vector solitons in a fiber laser with sesam. *Optics Letters*, 34(20):3059–3061, October 2009. Cité pp. 9, 52.

[71] Steven T. CUNDIFF, Brandon C. COLLINGS et Keren BERGMAN : Polarization locked vector solitons and axis instability in optical fiber. *Chaos*, 10(3):613–624, September 2000. Cité p. 9

[72] Robert Clark JONES : A new calculus for the treatment of optical systems i. description and discussion of the calculus. *Journal of Optical Society of America*, 31:488–493, July 1941. Cité p. 9

[73] Robert Clark JONES : A new calculus for the treatment of optical systems ii. proof of three general equivalence theorems. *Journal of Optical Society of America*, 31:493–499, July 1941. Cité p. 9

[74] Robert Clark JONES : A new calculus for the treatment of optical systems iv. *Journal of Optical Society of America*, 32:486–493, August 1942. Cité p. 9

[75] Robert Clark JONES : A new calculus for the treatment of optical systems v. a more general formulation, and description of another calculus. *Journal of Optical Society of America*, 37(2):107, February 1947. Cité p. 9

[76] Robert Clark JONES : A new calculus for the treatment of optical systems vi. experimental determination of the matrix. *Journal of Optical Society of America*, 37(2):110–112, February 1947. Cité p. 9

[77] Robert Clark JONES : A new calculus for the treatment of optical systems. vii. properties of the n-matrices. *Journal of Optical Society of America*, 388:671–685, 1948. Cité pp. 9, 14.

[78] Robert Clark JONES : New calculus for the treatment of optical systems viii. electromagnetic theory. *Journal of Optical Society of America*, 46(2):126–131, February 1956. Cité p. 9

[79] Viktor EVTUHOV et Anthony E. SIEGMAN : A twisted-mode technique for obtaining axially uniform energy density in a laser cavity. *Applied Optics*, 4:142, 1965. Cité p. 19

[80] Alfred KASTLER : Champ lumineux stationnaire à structure hélicoïdale dans une cavité laser. possibilité d'imprimer cette structure hélicoïdale à un milieu matériel. *Compte-rendu de l'Académie des Sciences B*, 271:999, 1970. Cité pp. 19, 20.

[81] Henry HURWITZ et Robert Clark JONES : A new calculus for the treatment of optical systems - ii proof of three general equivalence theorems. *Journal of Optical Society of America*, 31:493, July 1941. Cité p. 19

[82] Albert LEFLOCH et G. STEPHAN : La condition de résonance dans les lasers anisotropes contenant des lames biréfringentes. *Compte-rendu de l'Académie des Sciences B*, 277:265, 1973. Cité pp. 19, 62.

[83] J. E. GEUSIC, H. M. MARCOS et L. G. VAN UITERT : Laser oscillations in nd-doped yttrium aluminum, yttrium gallium and gadolinium garnets. *Applied Physics Letters*, 4(10), 1964. Cité p. 21

[84] Cristina-Elena PREDA : *Laser Nd:YVO$_4$, dynamique et conduite optimale*. Thèse de doctorat, Université de Lille, March 2007. Cité p. 22

[85] Hao CHEN, E. WU et Hepin ZENG : Comparison between a-cut and off-axially cut nd^{3+} :yvo$_4$ lasers passively q-switched with a cr^{4+} :yag crystal. *Optics Communications*, 230:175–180, 2004. Cité p. 22

[86] Y.-F. CHEN et Y. P. LAN : Comparison between c-cut and a-cut nd:yvo$_4$ passively q-switched with a cr^{4+} :yag saturable absorber. *Applied Physics B*, 74:415–418, 2002. Cité p. 22

[87] Zhuang ZHUO, Tao LI, Xiaomin LI et Hongzhi YANG : Cw laser operation of diode-pumped nd:yvo$_4$/yvo$_4$ composite cristal. *Chinese Optics Letters*, 5, May 2007. Cité p. 22

[88] Kenju OTSUKA, M. GEORGIOU et Paul MANDEL : Intensity fluctuations in multimode lasers with spatial hole burning. *Japanese journal of applied physics*, 31(9):1250–1252, 1992. Cité p. 28

[89] Franz X. KÄRTNER, Bernd BRAUN et Ursulla KELLER : Continuous-wave mode-locked solid-state lasers with enhanced spatial hole burning. *Applied Physics B*, 61(6):569–579, 1995. Cité p. 28

[90] Tatsuya KIMURA, Kenju OTSUKA et Masatoshi SARUWATARI : Spatial hole-burning effects in a nd :yag laser. *IEEE Journal of Selected Topics in Quantum Electronics*, 7(6):225–230, June 1971. Cité p. 28

[91] C. J. FLOOD, D. R. WALKER et H. M. van DRIEL : Effect of spatial hole burning in a mode-locked diode end-pumped nd:yag laser. *Optics Letters*, 20(1):58–60, January 1995. Cité p. 28

[92] Akihiko ITO, Yuichi KOZAWA et Shunichi SATO : Selective oscillation of radially and azimuthally polarized laser beam induced by thermal birefringence and lensing. *Journal of Optical Society of America B*, 26(4):708–712, April 2009. Cité p. 29

[93] Ursulla KELLER : Recent developments in compact ultrafast lasers. *Nature*, 424:831, 2003. Cité pp. 35, 36.

[94] T. F. CARRUTHERS et I. N. DULING III : Passive laser mode locking with an antiresonant nonlinear mirror. *Optics Letters*, 15(14):804–806, July 1990. Cité p. 35

[95] Stéphanie L. SCHIEFFER, Joel A. BERGER, Benjamin L. RICKMAN, V. P. NAYYAR et W. ANDREAS SCHROEDER : Thermal effects in semiconductor saturable-absorber mirrors. *Journal of Optical Society of America B*, 29(4):543–552, April 2012. Cité p. 36

[96] Deran J. MAAS, Benjamin RUDIN, Aude-Reine BELLANCOURT, D. IWANIUK, Thomas SÜDMEYER et Ursulla KELLER : High precision optical characterization of semiconductor saturable absorber mirrors (sesams). *CLEO*, 2008. Cité p. 37

[97] Clemens HÖNNINGER, Rüdiger PASCHOTTA, F. MORIER-GENOUD, M. MOSER et Ursulla KELLER : Q-switching stability limits of continuous-wave passive mode locking. *Journal of Optical Society of America B*, 16(1):46–56, January 1999. Cité p. 38

[98] Theodore KOLOKOLNIKOV, Michel NIZETTE, Thomas ERNEUX, Nicolas JOLY et Serge BIELAWSKI : The q-switching instability in passively mode-locked lasers. *Physica D*, 219:13–21, 2006. Cité p. 38

[99] Ursulla KELLER, Kurt J. WEINGARTEN, Franz X. KÄRTNER, Daniel KOPF, Bernd BRAUN, Isabella D. JUNG, Regula FLUCK, Clemens HÖNNINGER, Nicolai MATUSCHEK et Juerg Aus der AU : Semiconductor saturable absorber mirrors (sesam's) for femtosecond to nanosecond pulse generation in solid-state lasers. *IEEE Journal of Selected Topics in Quantum Electronics*, 2(3): 435–452, September 1996. Cité p. 38

[100] Walter KOECHNER : *Solid-state laser laser engineering*, pages 400–404. Springer, 4th édition, 1995. Cité p. 39

[101] Rüdiger PASCHOTTA : *Encyclopedia of laser physics and technology*. Wiley-VCH, 2008. Cité p. 40

[102] Marc VALLET, Marc BRUNEL, Guy ROPARS, Albert LEFLOCH et Fabien BRETENAKER : Theoretical and experimental study of eigenstate locking in polarization self-modulated lasers. *Physical Review A*, 56(6):5121, December 1997. Cité p. 47

[103] Brandon C. COLLINGS, Steven T. CUNDIFF, Nail N. AKMEDIEV, José Maria SOTO-CRESPO et Keren BERGMAN : Polarization-locked temporal vector solitons in a fiber laser : experiment. *Journal of Optical Society of America B*, 17(3):354–365, March 2000. Cité p. 51

[104] Anasthase LIMÉRY : Lasers bi-fréquences à verrouillage de modes. Mémoire de D.E.A., Université de Rennes I, 2012. Cité p. 52

[105] Tatiana HABRUSEVA, Shane O'DONOGHUE, Natalia REBROVA, Douglas A. REID, Liam P. BARRY, Dmitrii RACHINSKII, Guillaume HUYET et Stephen P. HEGARTY : Quantum-dot mode-locked lasers with dual-mode optical injection. *Photonics Technology Letters, IEEE*, 22(6):359, March 2010. Cité p. 55

[106] Lina MA, Yongming HU, Shuidong XIONG, Zhou MENG et Zhengliang HU : Intensity noise and relaxation oscillation of a fiber-laser sensor array integrated in a single fiber. *Optics Letters*, 35(11):1795–1797, June 2010. Cité p. 59

[107] Kenju OTSUKA et Hitoshi KAWAGUCHI : Period-doubling bifucations in detuned lasers with injected signals. *Physical Review A*, 29(5):2953–2956, May 1984. Cité pp. 59, 61.

[108] Kenju OTSUKA : Ultrahigh sensitivity laser doppler velocimetry with a microchip solid-state laser. *Applied Optics*, 33(6):1111–1114, February 1994. Cité p. 59

[109] Eric LACOT, Richard DAY et Frédéric STOECKEL : Coherent laser detection by frequency-shifted optical feedback. *Physical Review A*, 64(4):043815, September 2001. Cité pp. 59, 61, 63, 64 et 95.

[110] Philippe NERIN et P. PUGET : Self-mixing using a dual-polarisation nd :yag microchip laser. *Electronics Letters*, 33(6):491–492, March 1997. Cité p. 59

[111] Luc KERVEVAN, Hervé GILLES, Sylvain GIRARD, Mathieu LAROCHE et P. LEPRINCE : Self-mixing laser doppler velocimetry with a dual-polarization $yb : er$ glass laser. *Applied Physics B*, 86:169–176, 2007. Cité pp. 59, 61.

[112] F. V. KOWALSKI, P. D. HALE et S. J. SHATTIL : Broadband continuous-wave laser. *Optics Letters*, 13:622–624, 1988. Cité p. 60

[113] Hughes Guillet de CHATELLUS et Jean-Paul PIQUE : Statistical properties of frequency shifted feedback lasers. *Optics Communications*, 283:71–77, 2010. Cité p. 60

[114] Hendrik SABERT et Ernst BRINKMEYER : Pulse generation in fiber lasers with frequency shifted feedback. *Journal of Lightwave Technology*, 12(8):1360–1368, August 1994. Cité p. 60

[115] Marc BRUNEL et Marc VALLET : Pulse-to-pulse coherent beat note generated by a passively q-switched two-frequency laser. *Optics Letters*, 33(21):2524, November 2008. Cité pp. 60, 75.

[116] R. LANG et K. KOBAYASHI : External optical feedback effects on semiconductor injection laser properties. *IEEE Journal of Selected Topics in Quantum Electronics*, 16:347–355, 1980. Cité p. 60

[117] Luc KERVEVAN : *Etudes théorique et expérimentale de la rétro-injection optique sur lasers à solide.* Thèse de doctorat, Université de Caen, December 2006. Cité pp. 60, 72.

[118] Marc BRUNEL, Olivier EMILE, Marc VALLET, Fabien BRETENAKER, Albert LEFLOCH, Laurent FULBER, Jean MARTY, Bernard FERRAND et Engin MOLVA : Experimental and theoretical study of monomode vectorial lasers passively q-switched by a cr^{4+} :yttrium aluminum garnet absorber. *Physical Review A*, 60(5):4052–4058, November 1999. Cité pp. 61, 65, 66, 73 et 89.

[119] L. J. MULLEN, A. J. C. VIEIRA, P. R. HERCZFELD et V. M. CONTARINO : Application of radar technology to aerial lidar systems for enhancement of shallow underwater target detection. *IEEE Transactions on microwave theory and techniques*, 43(9):2370, September 1995. Cité p. 79

[120] R. DIAZ, S.-C. CHAN et J.-M. LIU : Lidar detection using a dual-frequency source. *Optics Letters*, 31(24):3600, December 2006. Cité p. 79

[121] Medhi ALOUINI, François BONDU, Marc BRUNEL, Goulchen LOAS, Antoine ROLLAND, Marco ROMANELLI, Jérémie THÉVENIN et Marc VALLET : Nouvelles sources opto-hyper basées sur des lasers bi-fréquences stabilisés. *In Journées de la Télémétrie Laser, Nice*, 2011. Cité p. 80

[122] Jonathan BARREAUX : Vélocimétrie doppler par lidar bifréquence. Mémoire de D.E.A., Université de Rennes I, 2011. Cité p. 80

[123] Thomas ERNEUX : *Applied Delay Differential Equations*. Springer, 2009. Cité pp. 80, 114.

[124] Sylvain BLAIZE, Baptiste BÉRENGUIER, Ilan STÉFANON, Aurélien BRUYANT, Gilles LÉRONDEL, Pascal ROYER, Olivier HUGON, Olivier JACQUIN et Eric LACOT : Phase sensitive optical near-field mapping using frequency-shifted laser optical feedback interferometry. *Optics Express*, 16(16):11718, August 2008. Cité p. 83

[125] Jérémie THÉVENIN, Marc VALLET, Marc BRUNEL, Hervé GILLES et Sylvain GIRARD : Beat-note locking in dual-polarization lasers submitted to frequency-shifted optical feedback. *Journal of Optical Society of America B*, 28(5):1104–1110, May 2011. Cité pp. 85, 86 et 99.

[126] Eric LACOT, Richard DAY, J. PINEL et Frédéric STOECKEL : Laser relaxation-oscillation frequency imaging. *Optics Letters*, 26(19):1483, October 2001. Cité p. 87

[127] Marc BRUNEL, Axelle AMON et Marc VALLET : Dual-polarization microchip laser at 1.53 μm. *Optics Letters*, 30(18):2418, September 2005. Cité p. 89

[128] Sebastian WIECZOREK, Bernd KRAUSKOPF, T. B. SIMPSON et Daan LENSTRA : The dynamical complexity of optically injected semiconductor lasers. *Physics Reports*, 416:1 – 128, August 2005. Cité pp. 101, 104 et 107.

[129] M. K. STEPHEN YEUNG et Steven H. STROGATZ : Nonlinear dynamics of a solid-state laser with injection. *Physical Review E*, 58(4):4421–4435, October 1998. Cité pp. 104, 106.

[130] Bryan KELLEHER, D. GOULDING, B. BASELGA PASCUAL, Stephen P. HEGARTY et Guillaume HUYET : Phasor plots in optical injection experiments. *European Physical Journal D*, 58:175–179, March 2010. Cité p. 105

[131] Bryan KELLEHER, D. GOULDING, B. BASELGA PASCUAL, Stephen P. HEGARTY et Guillaume HUYET : Bounded phase phenomena in the optically injected laser. *Physical Review E*, 85(4): 046212, April 2012. Cité pp. 105, 110.

[132] Tapesh CHAKRABORTY et Richard H. RAND : The transition from phase locking to drift in a system of two weakly coupled van der pol oscillators. *International Journal of Non-Linear Mechanics*, 23(5):369, August 1988. Cité p. 109

[133] H. Vahed, Reza Kheradmand, H. Tajalli, Giovanna Tissoni, Luigi A. Lugiato et Franco Prati : Phase-mediated long-range interactions of cavity solitons in a semiconductor laser with a saturable absorber. *Physical Review A*, 84(6):063814, December 2011. Cité p. 109

[134] P. V. Paulau, C. McIntyre, Y. Noblet, N. Radwell, W. J. Firth, P. Colet, T. Ackemann et G.-Y. Oppo : Adler synchronization of spatial laser solitons pinned by defects. *arXiv*, 1112.4867, December 2011. Cité p. 109

[135] Ghaya Baili, Loic Morvan, Medhi Alouini, Daniel Dolfi, Fabien Bretenaker, Isabelle Sagnes et Arnaud Garnache : Experimental demonstration of a tunable dual-frequency semiconductor laser free of relaxation oscillations. *Optics Letters*, 34(21):3421, November 2009. Cité p. 110

[136] Giovanni Giacomelli, Francesco Marin et Marco Romanelli : Multi-time-scale dynamics of a laser with polarized optical feedback. *Physical Review A*, 67(5):053809, May 2003. Cité p. 110

[137] Y.-F. Chen, Y. C. Lee, H. C. Liang, K. Y. Lin, K. W. Su et K. F. Huang : Femtosecond high-power spontaneous mode-locked operation in vertical-external cavity surface-emitting laser with gigahertz oscillation. *Optics Letters*, 36(23):4581–4583, December 2011. Cité p. 111

[138] Klaus Hartinger et R. A. Bartels : Pulse polarization splitting in a transient wave plate. *Optics Letters*, 31(23):3526–3528, December 2006. Cité p. 111

[139] Arthur L. Smirl, X. Chen et O. Buccafusca : Ultrafast time-resolved quantum beats in the polarization state of coherent emission from quantum wells. *Optics Letters*, 23(14):1120–1122, July 1998. Cité p. 111

[140] Kunihito Hoki, Masahiro Yamaki et Yuichi Fujimura : Chiral molecular motors driven by a nonhelical laser pulse. *Angewandte Chemie*, 115:3083–3086, February 2003. Cité p. 112

[141] Masahiro Yamaki, Kunihito Hoki, H. Kono et Yuichi Fujimura : Quantum control of a chiral molecular motor driven by femtosecond laser pulses : Mechanisms of regular and reverse rotations. *Chemical Physics*, 347:272–278, 2008. Cité p. 112

[142] Tobias Brixner et G. Gerber : Femtosecond polarization pulse shaping. *Optics Letters*, 26(8):557–559, April 2001. Cité p. 112

[143] Misha Ivanov, P. B. Corkum, T. Zuo et A. Bandrauk : Routes to control of intense-field atomic polarizability. *Physical Review Letters*, 74(15):2933–2936, April 1995. Cité p. 112

[144] Fan-Yi Lin et Jia-Ming Liu : Chaotic lidar. *Journal of Selected Topics in Quantum Electronics*, 10(5):991, September 2004. Cité p. 113

B.1 Publications faisant suite à ces travaux

Articles publiés dans des revues à comité de lecture

— Jérémie Thévenin, Marc Vallet, Marc Brunel, Hervé Gilles et Sylvain Girard : Beat-note locking in dual-polarization lasers submitted to frequency-shifted optical feedback,

Journal of Optical Society of America B **28**, 1104 (2011).

— Jérémie Thévenin, Marco Romanelli, Marc Vallet, Marc Brunel et Thomas Erneux : Resonance Assisted Synchronization of Coupled Oscillators : Frequency Locking without Phase Locking,

Physical Review Letters **107**, 104101 (2011).

— Jérémie Thévenin, Marc Vallet et Marc Brunel : Dual-polarization mode-locked Nd:YAG laser,

Optics Letters **37**, 2859 (2012).

— Jérémie Thévenin, Marco Romanelli, Marc Vallet, Marc Brunel et Thomas Erneux : Phase and intensity dynamics of a two-frequency laser submitted to resonant frequency-shifted feedback,

Physical Review A **86**, 033815 (2012).

Conférences

— Jérémie Thévenin, Marc Brunel, Marc Vallet, Marco Romanelli et Thomas Erneux : New forms of synchronization dynamics of a dual-polarization laser with frequency-shifted feedback, *Conference on Lasers and Electro-Optics*, ORAL, Munich (2011).

— Jérémie Thévenin, Marc Brunel, Marc Vallet, Marco Romanelli et Thomas Erneux : Nouvelles formes de synchronisation dans un laser bi-fréquence soumis à une rétro-injection décalée en fréquence, *Colloque sur les Laser et l'Optique Quantique*, POSTER, Marseille (2011).

— Medhi Alouini, François Bondu, Marc Brunel, Antoine Rolland, Marco Romanelli, Jérémie Thévenin, et Marc Vallet : Nouvelles sources opto-hyper basées sur des lasers bi-fréquences stabilisés, *Journées de la Télémétrie Laser*, ORAL, Nice (2011)

— Jérémie Thévenin, Marc Brunel, Marc Vallet, Marco Romanelli et Thomas Erneux : Étude expérimentale et théorique des mécanismes de synchronisation dans un laser bi-fréquence soumis à une rétro-injection décalée en fréquence, *École d'été du non-linéaire*, ORAL, Peyresq (2011).

— Jérémie Thévenin, Marc Brunel, Marc Vallet, Marco Romanelli et Thomas Erneux : Feedback in dual-polarization lasers : toward an high resolution Doppler-Lidar, *Journées du Club Optique Micro-ondes*, POSTER, Rennes (2011).

— Jérémie Thévenin, Marc Vallet, Marc Brunel, Marco Romanelli et Thomas Erneux : Accrochage de fréquence sans accrochage de phase de deux modes laser couplés, *Rencontre du non-linéaire*, ORAL, Paris (2012).

— Jérémie Thévenin, Marco Romanelli, Marc Vallet et Marc Brunel, Abnormal synchronization of coupled laser eigenstates with optical RF-modulated feedback, *Conférence SPIE Photonics Europe*, POSTER, Bruxelles (2012).

— Jérémie Thévenin, Marc Vallet et Marc Brunel, Pulsed polarization sequences from a twisted-mode Nd:YAG laser passively mode-locked by a SESAM, *Conférence EPS Europhoton*, POSTER, Stockholm (2012).

www.ingramcontent.com/pod-product-compliance
Lightning Source LLC
Chambersburg PA
CBHW021057210326
41598CB00016B/1239

* 9 7 8 3 8 3 8 1 7 9 0 5 6 *